研究生教育"十二五"规划教材

反应工程原理解析

罗康碧　罗明河　李沪萍　编著

科学出版社

北　京

内 容 简 介

本书是《反应工程原理(第二版)》(罗康碧等,科学出版社,2016)的配套习题解析,包括绪论、化学反应动力学、停留时间分布与流动模型、均相反应器、气固相催化反应动力学、气固相固定床催化反应器、气固相流化床催化反应器、气固相非催化反应器、气液相反应器、聚合反应器。除绪论外,每章均由内容框架、知识要点、主要公式、习题解答和练习题组成。书后附有期末考试题和研究生入学考试题及参考答案,使本书具有相对的独立性。本书内容丰富,结构新颖,适用性强,理论联系实际,帮助读者掌握解题思路并学以致用。

本书可作为高等学校化工类专业本科生、研究生的辅助教材,也可供化工、生物、石油、冶金等领域从事生产、科研和设计工作的工程技术人员参考。

图书在版编目(CIP)数据

反应工程原理解析/罗康碧,罗明河,李沪萍编著. —北京:科学出版社,2017.8

研究生教育"十二五"规划教材

ISBN 978-7-03-054221-2

Ⅰ.①反… Ⅱ.①罗…②罗…③李… Ⅲ.①化学反应工程-研究生教育-教材 Ⅳ.①TQ03

中国版本图书馆 CIP 数据核字(2017)第 206040 号

责任编辑:陈雅娴 李丽娇/责任校对:桂伟利
责任印制:吴兆东/封面设计:迷底书装

科 学 出 版 社 出版
北京东黄城根北街 16 号
邮政编码:100717
http://www.sciencep.com

北京九州迅驰传媒文化有限公司 印刷
科学出版社发行 各地新华书店经销
*

2017 年 8 月第 一 版 开本:720×1000 B5
2018 年 1 月第二次印刷 印张:11 3/4
字数:298 000

定价:39.00 元
(如有印装质量问题,我社负责调换)

前　言

　　《反应工程原理》自 2005 年面世和 2016 年再版以来，一直受到众多高等学校师生和化工技术人员的青睐，特别是第二版，无论在结构、内容和适用性上都上了一个新台阶。

　　为了方便读者学习和使用《反应工程原理》教材，在昆明理工大学"研究生百门核心课程"项目的资助下，作者编著了配套辅导书《反应工程原理解析》。本书所列章节以教材为主线，除绪论外，每章内容包括内容框架、知识要点、主要公式、习题解答和练习题，书后附有期末考试题和研究生入学考试题及参考答案。通过习题解答过程的解析，帮助读者理解教材中所阐述的基本概念，掌握和应用化学反应工程基本原理，提高分析与解决实际工程问题的能力。

　　本书编写分工如下：第 2、3、6、8、9 章由罗康碧编著，绪论、第 1、4、5 章由罗明河、罗康碧编著，第 7 章和附录由李沪萍、罗康碧编著。在本书编写过程中，得到昆明理工大学核心课程"化工动力学及反应器"团队成员王亚明、贾庆明、陕绍云、赵文波 4 位老师的支持和帮助，得到"化学高分子材料创新团队"梅毅、苏毅、李国斌、廉培超 4 位老师的关心和支持。本书的出版还得到昆明理工大学研究生院的大力支持，在此一并表示衷心的感谢！

　　由于作者的水平有限，书中不足之处在所难免，恳请读者批评指正。

作　者

2017 年 6 月

主要符号表

拉丁文字母

A	组分；传热面积；单位产量的经费
A_R	填充床横截面积；鼓泡塔横截面积；反应器横截面积
Ar	阿基米德数
a	比表面积；化学计量系数；比相界面；以单位液相体积为基准的相界面积；活性表面；系数
a_c	单位填充床体积内填料的总表面积
a_d	与动态持液量相对应的单位填充床体积的动态相界面积
a_{GL}	气液比相界面
a_m	单位质量催化剂颗粒的有效外表面积
a_p	有效比相界面
a_r	传热比表面积
a_s	填料的比表面积
a_{st}	与静态持液量相对应的单位填充床的相界面积
a_t	鼓泡塔内气液混合物总相界面积；冷管外径
a_w	单位填料体积的润湿面积
B	组分
Bi_m	拜俄特数
Bo	邦德数
BR	间歇反应器
b	化学计量系数；筛孔净宽
C	系数；校正系数；常数；积分常数
C_D	阻力系数
C_p	定压热容
CSTR	全混流反应器；连续搅拌槽式反应器
c	浓度
c'_{BL}	临界浓度
D	综合扩散系数；扩散系数
Da	丹克莱尔数
D_K	克努森扩散系数
D_t	反应器(管)直径；催化床直径；鼓泡塔直径
D_{te}	反应器(管)当量直径；催化床当量直径
d	直径
d_a	等面积相当直径
d_b	气泡直径
d_e	床层当量直径
d_i	第 i 级分的气泡长短轴直径平均值
d_o	气体分布器喷孔直径
d_p	颗粒直径；填料的名义尺寸
d_{rs}	质量比表面积平均直径
d_s	等比表面积相当直径
d_v	等体积相当直径
E	活化能
$E(\tau)$	停留时间分布密度
$E(\theta)$	无因次停留时间分布密度
F	组分；摩尔流量
$F(\tau)$	停留时间分布函数
$F(\theta)$	无因次停留时间分布函数
F_n	流化数
$F_n(j)$	数均聚合度分布

Fr	弗劳德数	$\sqrt{M}$	液膜转化系数
f	静态与动态比表面的吸收速率之比；体积分数校正系数；摩擦系数；引发效率	$\bar{M}_n$	数均相对分子质量
		$\bar{M}_v$	黏均相对分子质量
		$\bar{M}_w$	重均相对分子质量
f'	摩擦系数	$\bar{M}_Z$	Z 均相对分子质量
f_c	校正系数	m	质量
f_m	修正摩擦系数	m_t	冷管根数
$f_n(j)$	瞬间数均聚合度分布	N	扩散通量；槽数；多孔板上的孔数
G	单位面积质量流量；气相		
Ga	伽利略数	n	反应总级数；物质的量；组分数；气泡数；微孔数；管子数
g	重力加速度		
H	高度；溶解度系数；分离高度	n_b	单位体积床层中的气泡数
ΔH	焓差	P^*	自由基
ΔH_r	反应热效应	$[P^*]$	活性链的总浓度
h	总传热系数	$[P]$	死聚体的浓度
h'	校正系数	$[P_j]$	聚合度为 j 的分子的浓度
I	惰性组分；引发剂	Pe	贝克来数
I_0	零阶一类变形贝塞尔函数	PFR	平推流反应器；管式反应器
(I)	光的强度	Pr	普朗特数
J	组分；J 因子	$\bar{P}_n$	数均聚合度
K	液体模数；总传热系数；开氏温度；总传质系数；平衡常数；交换系数	$\bar{P}_v$	黏均聚合度
		$\bar{P}_w$	重均聚合度
		$\bar{P}_Z$	Z 均聚合度
K_p	化学平衡常数	p	压力；组分；聚合物；化学计量系数；功率
K_S	表面反应平衡常数		
K_i	i 组分的吸附平衡常数	Δp	压降；阻力
k	速率常数；传质系数	$\bar{p}_n$	瞬间数均聚合度
k_0	指前因子或频率因子	$\bar{p}_w$	瞬间重均聚合度
k_f	总反应速率常数	$\bar{p}_Z$	瞬间 Z 均聚合度
L	组分；长度；距离；液相；厚度；高度	Q	组分；传热量；体积流量
		q	气体穿流量
L_0	流化床的静止高度	q_q	放热速率
l	化学计量系数；坐标距离	q_r	移热速率
Δl	步长	R	半径；宏观反应速率；中间化合物；床层膨胀比；摩尔气体常量
M	相对分子质量；组分；示踪物总量；单体		

Re	雷诺数	x	液相摩尔分数；颗粒的质量分数
Re_m	修正雷诺数	Y	收率；气相物质的量比
r	本征反应速率；吸附速率；孔半径；径向坐标	y	摩尔分数
$\bar{r}_p$	催化剂微孔的平均孔半径	Z	压缩因子；厚度；高度；杂质
S	瞬时选择性；相界面；反应表面积；溶剂	**希腊文字母**	
Sc	施密特数	α	反应物 A 的级数；复合反应主反应的级数；给热系数；比速率；表面不均匀系数；吸附质分子的覆盖面积；单位反应时间能耗；体积比；参数
S_e	床层比表面积		
S_g	颗粒比表面积		
Sh	舍伍德数		
S_p	颗粒外表面积	α_F	设备折旧费
S_v	空速	α_0	单位辅助时间能耗
$\bar{S}$	总选择性	β	反应物 B 的级数；复合反应副反应的级数；增强因子；表面不均匀系数；循环比；换热系数
T	温度(K)		
t	温度(℃)；时间		
t'	辅助时间	γ	反应级数；粒子的体积比
u	(线)速度	δ	厚度；后备系数；实验误差；体积分数
u_0	流体的平均流速		
u_b	单个气泡上升速度	δ_A	关键组分 A 的膨胀因子
$u_{O(G,L)}$	空塔线速度；喷孔气速	ε	空隙率；孔隙率
u_s	滑动速度	ε_A	关键组分 A 的膨胀率
u_t	带出速度	ε_G	气含率
V	物料体积；扩散体积；体积流量	η	容积效率；效率因子；有效因子
V_g	孔容积	θ	覆盖率；无因次停留时间
V_m	饱和吸附量	$\bar{\theta}$	无因次平均停留时间
V_p	颗粒体积	θ_v	空位率
V_R	反应体积	Λ	绝热温升
W	质量流量；质量；质量分数；重力	λ	反应级数；导热系数；平均自由程；特征方程的根
We	韦伯数	μ	黏度
$W(j)$	重均聚合度分布	μ_i	i 次矩，$i=0$，1，2，…
$w(j)$	瞬间重均聚合度分布	ν	运动黏度；化学计量系数
X	反应率；固相转化率；液相物质的量比	ξ	扬析系数
X_M	极值点对应的转化率；聚合率	ρ	密度
		σ	活性中心；方差；表面张力

τ	时间；接触时间；停留时间；空时；曲节因子	G	气相；气体；气膜
		GL	气液混合物
τ_M	平均停留时间	g	气相主体
Φ	反应物料流量与总原料流量之比	H	传热
Φ_L	平均生产强度	h	横截面；绝热段
φ	蒂勒模数；装填系数	I	内扩散；惰性组分
φ_s	颗粒的形状系数	i	进口；内冷管，组分 i
ψ	系数	l	轴向；液相
		L	液相主体；液体；液膜
下标		m	全混流；槽式反应器；平均
0	初始态，进料；标准状况	max	极大值
1	塔上部出口气相或进口液相	mf	临界流化
2	塔下部进口气相或出口液相	min	极小值
A,B,…	不同组分	opt	最佳
a	吸附；内外冷管环隙	p	平推流；管式反应器；颗粒；压力；化学平衡
ad	绝热		
b	床层；气泡	R	反应层；反应器
bc	气泡与气泡晕	r	径向；循环
be	气泡与乳相	S	表面化学反应；面积
c	浓度；冷流体；中心；冷却段；气泡云	s	颗粒；颗粒骨架；面积；固相；球体；表面
ce	泡晕与乳相	T	总量
D	传质；扩散	t	总量
d	脱附	V	体积
e	有效；平衡；乳相	w	质量；尾涡
eq	平衡	X	外扩散
f	出口；完全；流体；流化(床)		

目　　录

前言
主要符号表
绪论 ……………………………………………………………………… 1
   0.1　内容框架 ……………………………………………………… 1
   0.2　知识要点 ……………………………………………………… 1
第1章　化学反应动力学 ………………………………………………… 2
   1.1　内容框架 ……………………………………………………… 2
   1.2　知识要点 ……………………………………………………… 2
   1.3　主要公式 ……………………………………………………… 3
   1.4　习题解答 ……………………………………………………… 5
   1.5　练习题 ………………………………………………………… 16
第2章　停留时间分布与流动模型 ……………………………………… 19
   2.1　内容框架 ……………………………………………………… 19
   2.2　知识要点 ……………………………………………………… 19
   2.3　主要公式 ……………………………………………………… 20
   2.4　习题解答 ……………………………………………………… 21
   2.5　练习题 ………………………………………………………… 26
第3章　均相反应器 ……………………………………………………… 28
   3.1　内容框架 ……………………………………………………… 28
   3.2　知识要点 ……………………………………………………… 28
   3.3　主要公式 ……………………………………………………… 29
   3.4　习题解答 ……………………………………………………… 31
   3.5　练习题 ………………………………………………………… 45
第4章　气固相催化反应动力学 ………………………………………… 50
   4.1　内容框架 ……………………………………………………… 50
   4.2　知识要点 ……………………………………………………… 50
   4.3　主要公式 ……………………………………………………… 51
   4.4　习题解答 ……………………………………………………… 54
   4.5　练习题 ………………………………………………………… 73
第5章　气固相固定床催化反应器 ……………………………………… 77
   5.1　内容框架 ……………………………………………………… 77

　　5.2　知识要点 ··· 77

　　5.3　主要公式 ··· 78

　　5.4　习题解答 ··· 79

　　5.5　练习题 ··· 92

第 6 章　气固相流化床催化反应器 ·· 94

　　6.1　内容框架 ··· 94

　　6.2　知识要点 ··· 94

　　6.3　主要公式 ··· 95

　　6.4　习题解答 ··· 99

　　6.5　练习题 ··· 106

第 7 章　气固相非催化反应器 ·· 109

　　7.1　内容框架 ··· 109

　　7.2　知识要点 ··· 109

　　7.3　主要公式 ··· 109

　　7.4　习题解答 ··· 110

　　7.5　练习题 ··· 116

第 8 章　气液相反应器 ··· 118

　　8.1　内容框架 ··· 118

　　8.2　知识要点 ··· 118

　　8.3　主要公式 ··· 119

　　8.4　习题解答 ··· 121

　　8.5　练习题 ··· 130

第 9 章　聚合反应器 ··· 132

　　9.1　内容框架 ··· 132

　　9.2　知识要点 ··· 132

　　9.3　主要公式 ··· 132

　　9.4　习题解答 ··· 134

　　9.5　练习题 ··· 143

附录 A　概念题 ··· 144

　　A.1　0~4 章填空题 ·· 144

　　A.2　0~4 章填空题答案 ·· 150

　　A.3　1~4 章简答题 ·· 154

　　A.4　1~4 章简答题提示 ·· 159

附录 B　化学反应工程期末考试题 ·· 160

　　B.1　试卷 ·· 160

　　B.2　参考答案 ··· 162

附录 C　化学反应工程研究生入学考试题 ···167

　C.1　试卷 ··167

　C.2　参考答案 ···169

参考文献 ··174

绪　　论

0.1　内　容　框　架

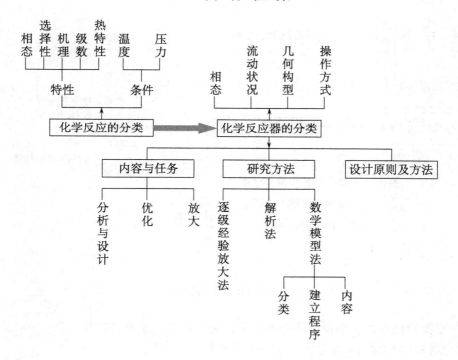

0.2　知　识　要　点

0-1　掌握化学反应的工程分类。

0-2　掌握工业化学反应器的分类。

0-3　了解数学模型的分类。

0-4　了解数学模型的内容。

第 1 章 化学反应动力学

1.1 内容框架

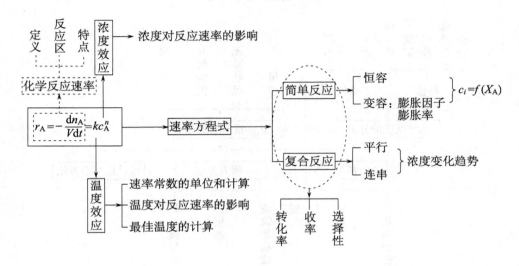

1.2 知 识 要 点

1-1 掌握转化率、收率及选择性的定义、关系及它们表明的意义。

1-2 掌握反应速率 r_A 的定义,式中各项的意义、特点。

1-3 了解不同速率的表示方法、空间时间与速度的定义、相对反应速率、速率方程的形式。

1-4 掌握膨胀因子和膨胀率的定义、物理意义和计算。

1-5 掌握速率方程的推导及恒容和变容过程 c_i 和转化率 X_A 的关系式。

1-6 掌握复合反应浓度的变化趋势。

1-7 掌握影响速率常数 k 的单位及 k 的计算,即阿伦尼乌斯公式的应用。

1-8 掌握转化率和温度对各类反应速率的影响。

1-9 掌握最佳温度与平衡温度的计算。

1.3　主 要 公 式

转化率

$$X_A \xrightarrow{\text{间歇}} \frac{n_{A0} - n_A}{n_{A0}} \xrightarrow{\text{恒容}} \frac{c_{A0} - c_A}{c_{A0}} \xrightarrow{\text{连续}} \frac{F_{A0} - F_A}{F_{A0}} \tag{1.1}$$

瞬时选择性

$$S = -\frac{dc_L/dt}{dc_A/dt} = -\frac{dc_L}{dc_A} \tag{1.2}$$

总选择性

$$\bar{S} = \frac{1}{c_{A0} - c_{Af}} \int_{c_{A0}}^{c_{Af}} -S dc_A \tag{1.3}$$

收率

$$Y = \frac{c_L}{c_{A0}} \tag{1.4a}$$

$$Y = \bar{S} X_A \tag{1.4b}$$

空时

$$\tau = V_R/Q_0 \tag{1.5}$$

空速

$$S_v = Q_{ON}/V_R \tag{1.6}$$

空时和空速的关系式

$$\tau = \frac{1}{S_v} \frac{pT_0}{p_0 T} \quad (Q_0 \neq Q_{ON}) \tag{1.7a}$$

$$\tau = \frac{1}{S_v} \quad (Q_0 = Q_{ON}) \tag{1.7b}$$

状态方程

$$c_i = \frac{p_i}{RT} = \frac{p_T y_i}{RT} \tag{1.8}$$

相对反应速率(对于反应 $v_A A + v_B B \rightleftharpoons v_L L + v_m M$)

$$\frac{r_A}{v_A} = \frac{r_B}{v_B} = \frac{r_L}{v_L} = \frac{r_M}{v_m} = \bar{r} \tag{1.9}$$

等温恒容零级反应的速率方程积分式

$$kt = c_{A0} - c_A = c_{A0} X_A \tag{1.10}$$

等温恒容一级反应的速率方程积分式

$$kt = \ln(c_{A0}/c_A) = -\ln(1 - X_A) \tag{1.11}$$

等温恒容二级反应的速率方程积分式

$$kt = \frac{1}{c_A} - \frac{1}{c_{A0}} = \frac{1}{c_{A0}} \frac{X_A}{1-X_A} \tag{1.12}$$

阿伦尼乌斯公式

$$k = k_0 \exp\left(-\frac{E}{RT}\right) \tag{1.13}$$

膨胀因子

$$\delta_A = \frac{\sum 产物的化学计量系数 - \sum 反应物的化学计量系数}{关键组分A的化学计量系数} \tag{1.14}$$

膨胀率的定义式

$$\varepsilon_A = \frac{V_f - V_0}{V_0} \quad 或 \quad V = V_0(1+\varepsilon_A X_A) \tag{1.15}$$

膨胀率的计算式

$$\varepsilon_A = \delta_A y_{A0} \tag{1.16}$$

变容浓度关系式

$$c_A = c_{A0} \frac{1-X_A}{1+\varepsilon_A X_A} \tag{1.17}$$

$$c_B = \frac{c_{B0} - \dfrac{v_B}{v_A} c_{A0} X_A}{1+\varepsilon_A X_A} \tag{1.18}$$

$$c_L = \frac{\dfrac{v_L}{v_A} c_{A0} X_A}{1+\varepsilon_A X_A} \tag{1.19}$$

一级平行反应浓度式($A \xrightarrow{k_1} L$, $A \xrightarrow{k_2} M$)

$$c_A = c_{A0}\, e^{-(k_1+k_2)t} \tag{1.20}$$

$$c_L = \frac{k_1 c_{A0}}{k_1+k_2}[1-e^{-(k_1+k_2)t}] \tag{1.21}$$

$$c_M = \frac{k_2 c_{A0}}{k_1+k_2}[1-e^{-(k_1+k_2)t}] \tag{1.22}$$

速率换算关系式

$$r_{iV} = a r_{iS} = \rho_b r_{iW} \tag{1.23}$$

气相反应速率常数关系式

$$k_c = k_p (RT)^n = k_y (RT/p_T)^n \tag{1.24}$$

活化能

$$E = \frac{R(\ln k_1 - \ln k_2)}{1/T_2 - 1/T_1} = \frac{RT_1T_2}{T_1 - T_2} \ln \frac{k_1}{k_2} \tag{1.25}$$

压力平衡常数(对于反应 $\nu_A A + \nu_B B \rightleftharpoons \nu_L L$)

$$K_p = \frac{p_L^{\nu_L}}{p_A^{\nu_A} p_B^{\nu_B}} \tag{1.26}$$

最佳温度

$$T_{opt} = \frac{T_{eq}}{1 + T_{eq} \dfrac{R}{E_2 - E_1} \ln \left(\dfrac{E_2}{E_1} \right)} \tag{1.27}$$

1.4　习 题 解 答

1.1　丁二烯是制造合成橡胶的重要原料。制取丁二烯的工业方法之一是将正丁烯和空气及水蒸气的混合气在磷钼铋催化剂上进行氧化脱氢而得到，其主反应为

$$H_2C=CH-CH_2-CH_3 + 0.5O_2 \longrightarrow H_2C=CH-CH=CH_2 + H_2O$$

此外还有许多副反应，如生成酮、醛以及有机酸的反应。反应在温度约 350℃，压力 2 atm ($1\ atm = 1.01325 \times 10^5\ Pa$)左右下进行。根据分析得到反应前后的物料组成(摩尔分数)如下

组成	反应前/%	反应后/%	组成	反应前/%	反应后/%
正丁烷	0.63	0.61	氮	27	26.10
正丁烯	7.05	1.70	水蒸气	57.44	67.070
丁二烯	0.06	4.45	一氧化碳	—	1.20
异丁烷	0.50	0.48	二氧化碳	—	1.80
异丁烯	0.13	0	有机酸	—	0.20
正戊烷	0.02	0.02	酮、醛	—	0.10
氧	7.17	0.64			

试根据表中的数据计算正丁烯的转化率、丁二烯的收率以及反应的选择性。

【解】　由正丁烯氧化反应知，反应过程中，反应混合物的总物质的量发生变化。如果进料为 100 mol，则由氮平衡可算出反应后混合气的量为

$$100 \times 27/26.1 = 103.448(\text{mol})$$

其中，正丁烯的量 $= 103.448 \times 1.70\% = 1.759(\text{mol})$，丁二烯的量 $= 103.448 \times 4.45\% = 4.603(\text{mol})$。

若以反应器进料为基准，由式(1.1)得正丁烯的转化率

$$X_A = \frac{7.05 - 1.759}{7.05} \times 100\% = 75.05\%$$

由式(1.4a)得丁二烯的收率为

$$Y = \frac{4.603 - 0.06}{7.05} \times 100\% = 64.44\%$$

由式(1.4b)得反应的选择性为

$$\bar{S} = \frac{64.44\%}{75.05\%} \times 100\% = 85.86\%$$

由计算可知，已转化的正丁烯中只有85.86%变成丁二烯，其余则转变成不希望的产物，如 CO、CO_2、有机酸及酮、醛等。这些杂质的存在是由于反应过程中存在着一系列副反应。

1.2 某氨合成塔，入塔体积流量 $Q_{ON}=10^5 \text{ m}^3/\text{h}$，入塔气中氨含量为 5%(体积分数)，出塔气氨含量为 15%，催化剂装填量 $V_R=5 \text{ m}^3$，操作压力 $p=300 \text{ atm}$，操作平均温度 470℃，求：

(1) 进反应器空速；(2) 氨分解基空速；(3) 出反应器空速；(4) 虚拟标准空时；(5) 实际空时。

【解】 空速由式(1.6)计算，空时由式(1.5)计算，即

(1) 进反应器空速

$$S_v = \frac{10^5}{5} = 2 \times 10^4 (\text{h}^{-1})$$

(2) 氨分解基空速

$$S_v = \frac{10^5(1 + 0.05)}{5} = 2.1 \times 10^4 (\text{h}^{-1})$$

(3) 出反应器空速

$$S_v = \frac{10^5[(1 + 0.05)/(1 + 0.15)]}{5} = 1.826 \times 10^4 (\text{h}^{-1})$$

(4) 虚拟标准空时

$$\tau_0 = \frac{3600}{2.1 \times 10^4} = 0.171(\text{s})$$

(5) 实际空时

$$\tau = \frac{3600}{2.1 \times 10^4} \frac{300 \times 273}{1 \times 743} = 18.896(\text{s})$$

1.3 在 223℃等温下进行亚硝酸乙酯的气相分解反应：

$$C_2H_5NO_2 \longrightarrow NO + 0.5CH_3CHO + 0.5C_2H_5OH$$

设反应为一级不可逆反应，反应速率常数与温度的关系为

$$k = 1.39 \times 10^{14} \exp(-37700/RT) \text{ s}^{-1}, \quad R = 1.987 \text{ cal/(mol·K)}$$

(1) 假设反应在恒容下进行，系统总压为 1 atm，采用纯亚硝酸乙酯，试计算亚硝酸乙酯的分解率为 80% 时，亚硝酸乙酯的分解速率及乙醇的生成速率；

(2) 如果反应在恒压变容条件下进行，试重复上述计算，并比较两者的计算结果和说明存在差别的原因。

【解】　反应式简写为

$$A \longrightarrow L + 0.5M + 0.5N$$

已知 $T = 223 + 273 = 496(\text{K})$，则速率常数为

$$k = 1.39 \times 10^{14} \exp\left(-\frac{37700}{1.987 \times 496}\right) = 3.389 \times 10^{-3}(\text{s}^{-1})$$

由式(1.8)得

$$c_{A0} = \frac{p_{A0}}{RT} = \frac{1}{0.08206 \times 496} = 2.457 \times 10^{-2}(\text{kmol/m}^3)$$

(1) 求恒容下亚硝酸乙酯的分解速率及乙醇的生成速率。由式(1.1)得

$$c_A = c_{A0}(1 - X_A) = 2.457 \times 10^{-2}(1 - 0.8) = 4.914 \times 10^{-3}(\text{kmol/m}^3)$$

所以

$$r_A = -\frac{\mathrm{d}c_A}{\mathrm{d}t} = kc_A = 3.389 \times 10^{-3} \times 4.914 \times 10^{-3} = 1.665 \times 10^{-5}[\text{kmol/(m}^3\cdot\text{s)}]$$

$$r_N = \frac{\mathrm{d}c_N}{\mathrm{d}t} = \frac{1}{2}r_A = 0.833 \times 10^{-5}[\text{kmol/(m}^3\cdot\text{s)}]$$

(2) 求恒压下亚硝酸乙酯的分解速率及乙醇的生成速率。对变摩尔反应容积发生变化，则由式(1.14)知

膨胀因子

$$\delta_A = [(1 + 0.5 + 0.5) - 1]/1 = 1$$

对纯气体

$$y_{A0} = 1$$

所以膨胀率

$$\varepsilon_A = y_{A0}\delta_A = 1$$

故体积为

$$V = V_0(1 + \varepsilon_A X_A)$$

由式(1.17)得

$$c_A = c_{A0}\frac{1 - X_A}{1 + \varepsilon_A X_A}$$

$$= 2.457 \times 10^{-2}\frac{1 - 0.8}{1 + 0.8} = 2.73 \times 10^{-3}(\text{kmol/m}^3)$$

所以

$$r_A = kc_A = 3.389 \times 10^{-3} \times 2.73 \times 10^{-3} = 0.925 \times 10^{-5}[\text{kmol}/(\text{m}^3 \cdot \text{s})]$$

$$r_N = \frac{dc_N}{dt} = \frac{1}{2} r_A = 0.463 \times 10^{-5}[\text{kmol}/(\text{m}^3 \cdot \text{s})]$$

比较(1)和(2)的计算结果可见，恒容下反应的速率比恒压变容下反应的速率要大。这是由于反应后物系容积增大，从而反应物浓度下降。

1.4 恒容间歇下，反应 $2A+B \longrightarrow L$ 的速率方程为 $-\frac{dc_A}{dt} = kc_A^2 c_B$ $(c_{A0}=c_{B0})$，试推导其用浓度表示的等温积分形式 $kt = \frac{2}{c_{A0}}(\frac{1}{c_A} - \frac{1}{c_{A0}}) + \frac{2}{c_{A0}^2}\ln\frac{c_A}{c_B}$。

【解】 将浓度与转化率的关系式 $c_A=c_{A0}(1-X_A)$，$c_B=c_{A0}(1-0.5X_A)$ 代入速率方程 $-\frac{dc_A}{dt} = kc_A^2 c_B$ 中，即

$$-\frac{dc_{A0}(1-X_A)}{dt} = kc_{A0}^3(1-X_A)^2(1-0.5X_A)$$

$$\frac{dX_A}{dt} = kc_{A0}^2(1-X_A)^2(1-0.5X_A)$$

$$kt = \frac{1}{c_{A0}^2}\int_0^{X_A} \frac{dX_A}{(1-X_A)^2(1-0.5X_A)}$$

$$= \frac{1}{c_{A0}^2}\int_0^{X_A}\left[\frac{2}{(1-X_A)^2} - \frac{2}{1-X_A} + \frac{1}{1-0.5X_A}\right]dX_A$$

$$= \frac{1}{c_{A0}^2}\left[\frac{2}{1-X_A} + 2\ln(1-X_A) - 2\ln(1-0.5X_A)\right]\Big|_0^{X_A}$$

$$= \frac{2}{c_{A0}^2}\left[\frac{1}{1-X_A} - 1 + \ln\frac{1-X_A}{1-0.5X_A}\right]$$

再将反应物浓度与转化率的关系式代入上式，整理得

$$kt = \frac{2}{c_{A0}}(\frac{1}{c_A} - \frac{1}{c_{A0}}) + \frac{2}{c_{A0}^2}\ln\frac{c_A}{c_B}$$

1.5 气相反应 $A \longrightarrow 3L$，其速率方程为 $r = -\frac{1}{V}\frac{dn_A}{dt} = k\frac{n_A}{V}$，试推导恒容条件下以总压表示的速率方程。

【解】

| | $A \longrightarrow 3L$ | | 总压 |

$t=0$ 时 p_{A0} 0 $p_{T0}=p_{A0}$

$t=t$ 时 p_A $3(p_{A0}-p_A)$ $p_T=3p_{A0}-2p_A=3p_{T0}-2p_A$

所以

$$p_A=(3p_{T0}-2p_T)/2$$

$$n_A = \frac{p_A V}{RT} = \frac{3p_{T0} - p_T}{2RT}V \Rightarrow \frac{\mathrm{d}n_A}{\mathrm{d}t} = -\frac{V}{2RT}\frac{\mathrm{d}p_A}{\mathrm{d}t}$$

代入速率方程 $r = -\frac{1}{V}\frac{\mathrm{d}n_A}{\mathrm{d}t} = k\frac{n_A}{V}$，得

$$r = \frac{1}{2RT}\frac{\mathrm{d}p_A}{\mathrm{d}t} = k\frac{3p_{T0} - p_T}{2RT} \Rightarrow \frac{\mathrm{d}p_A}{\mathrm{d}t} = k(3p_{T0} - p_T)$$

1.6　在 350℃等温恒容下进行丁二烯的气相二聚反应，实验测得反应时间与反应物系总压的关系如下

时间/min	0	6	12	26	38	60
总压/mmHg	500	467	442	401	378	350

试求反应级数及反应速率常数。

【解】　丁二烯二聚反应可表示为

$$2A \longrightarrow R$$

由化学反应式知，反应后物质的量减少，在等温恒容下随反应的进行总压下降，其速率方程可写成

$$r = -\frac{\mathrm{d}p_A}{\mathrm{d}t} = k_p p_A^n \tag{1.6-A}$$

设反应开始时，有 1 mol 的丁二烯，反应到一定时间，丁二烯的转化量为 x mol

	2A $\longrightarrow$ R		总压
$t=0$ 时	p_{A0}	0	p_{A0}
$t=t$ 时	p_A	$(p_{A0}-p_A)/2$	$p_T=(p_{A0}+p_A)/2$

则 $p_A = 2p_T - p_{A0}$，由已知条件可分别求出 p_A 的值，计算结果见表 1.6-A。

(1) 由于零级反应的特点是反应速率与反应物的浓度无关，速率方程的积分式为 $k_{p0}t = p_{A0} - p_A$，而此反应从开始经 6 min 以后，体系的总压减少了 33 mmHg，再过 6 min 后，总压减少了 25 mmHg，说明反应速率在变化，故此反应不为零级反应。

(2) 根据一级反应的计算公式：$k_{p1}t = \ln\frac{p_{A0}}{p_A}$，通过计算得到的 k_{p1} 不为常数，故此反应也不为一级反应。

(3) 根据二级反应的计算公式：$k_{p2}t = \frac{1}{p_A} - \frac{1}{p_{A0}}$，代入不同时刻的 p_A 值，计算得到 k_{p2} 为常数(表 1.6-A)。其平均值为 5.033×10^{-5} mmHg^{-1}·min^{-1}，说明反应为二级反应。

表 1.6-A

t/min	0	6	12	26	38	60
p_T/mmHg	500	467	442	401	378	350
p_A/mmHg	500	434	384	302	256	200
$k_{p1}\times10^2$/min^{-1}	—	2.359	2.200	1.939	1.762	1.527
$k_{p2}\times10^5$/(mmHg$^{-1}\cdot$min^{-1})	—	5.069	5.035	5.043	5.016	5.000

1.7 在 700℃及 3 kg/cm^2 恒压下发生气相反应 $C_4H_{10} \longrightarrow 2C_2H_4+H_2$。反应开始时，系统中含 C_4H_{10} 为 116 kg。当反应完成 50%，丁烷分压变化的速率$-dp_A/dt = 2.4$ kg/(cm$^2\cdot$s)。试求下列各项的变化速率：(1) 丁烷的摩尔分数；(2) 乙烯分压；(3) 氢的物质的量。

【解】 反应式可表示为

$$A \longrightarrow 2L + M$$

初始物质的量

$$n_{A0}=n_{T0}=116/58= 2(\text{kmol})$$

膨胀因子

$$\delta_A = [(2+1)-1]/1 = 2$$

对纯气体

$$y_{A0}=1$$

所以膨胀率

$$\varepsilon_A = y_{A0}\delta_A = 2$$

故总物质的量

$$n_T = n_{T0}(1+2X_A)$$

(1) 丁烷的摩尔分数。

$$y_A = \frac{n_A}{n_T} = \frac{p_A}{p_T}$$

$$-\frac{dy_A}{dt} = -\frac{1}{p_T}\frac{dp_A}{dt} = \frac{1}{3}\times 2.4 = 0.8(\text{s}^{-1})$$

(2) 乙烯分压。

$$p_A = \frac{n_A}{n_T}p_T = \frac{n_{A0}(1-X_A)}{n_{A0}(1+2X_A)}p_T = \frac{3(1-X_A)}{1+2X_A}$$

$$\frac{dp_A}{dt} = \frac{-9}{(1+2X_A)^2}\frac{dX_A}{dt}$$

$$p_L = \frac{n_L}{n_T}p_T = \frac{2n_{A0}X_A}{n_{A0}(1+2X_A)}p_T = \frac{6X_A}{1+2X_A}$$

$$\frac{\mathrm{d}p_\mathrm{L}}{\mathrm{d}t} = \frac{6}{(1+2X_\mathrm{A})^2} \frac{\mathrm{d}X_\mathrm{A}}{\mathrm{d}t}$$

$$= \frac{6}{(1+2X_\mathrm{A})^2} \cdot \frac{(1+2X_\mathrm{A})^2}{-9} \cdot \frac{\mathrm{d}p_\mathrm{A}}{\mathrm{d}t}$$

$$= \frac{2}{3} \times 2.4 = 1.6 \, [\mathrm{kg/(cm^2 \cdot s)}]$$

(3) 氢的物质的量。

$$\frac{\mathrm{d}n_\mathrm{M}}{\mathrm{d}t} = \frac{\mathrm{d}(n_{\mathrm{A}0} X_\mathrm{A})}{\mathrm{d}t} = n_{\mathrm{A}0} \frac{\mathrm{d}X_\mathrm{A}}{\mathrm{d}t}$$

$$= 2 \times \frac{(1+2X_\mathrm{A})^2}{9} \left(-\frac{\mathrm{d}p_\mathrm{A}}{\mathrm{d}t} \right)$$

$$= 2 \times \frac{(1+2\times 0.5)^2}{9} \times 2.4$$

$$= 2.133 \, [\mathrm{kg/(cm^2 \cdot s)}]$$

1.8　750℃下，丙烷热分解，其反应式为

$$C_3H_8 \xrightarrow{k_1} C_2H_4 + CH_4 \qquad k_1 = 1.01 \, \mathrm{s}^{-1}$$

$$C_3H_8 \xrightarrow{k_2} C_3H_6 + H_2 \qquad k_2 = 0.83 \, \mathrm{s}^{-1}$$

2 atm 的纯 C_3H_8 在定压下间歇地反应至 p_A=1.0 atm，假设物系为理想气体，求：

(1) 丙烷的转化率及反应时间；

(2) 设丙烷的初始摩尔浓度为 3 mol/L，求丙烷、乙烯和丙烯在指定时间下的物质的量。

【解】　反应式可表示为

$$A \xrightarrow{k_1} L + M$$

$$A \xrightarrow{k_2} R + S$$

(1) 求丙烷的转化率及反应时间。

由反应式可知膨胀因子

$$\delta_\mathrm{A} = [(1+1)-1]/1 = 1$$

对纯气体

$$y_{\mathrm{A}0} = 1$$

所以膨胀率

$$\varepsilon_\mathrm{A} = y_{\mathrm{A}0} \delta_\mathrm{A} = 1$$

故总物质的量

$$n_\mathrm{T} = n_{\mathrm{T}0}(1 + X_\mathrm{A})$$

因为

$$n_A = n_{A0}(1-X_A) \Rightarrow -dn_A = n_{A0}dX_A \tag{1.8-A}$$

而

$$p_A = \frac{n_A}{n_T}p_T = \frac{n_{A0}(1-X_A)}{n_{T0}(1+X_A)}p_T = p_{A0}\frac{1-X_A}{1+X_A} \tag{1.8-B}$$

又 $p_{T0}=p_{A0}=2\,\text{atm}$，$p_T=1\,\text{atm}$，代入上式得 $X_A=1/3$。

对变摩尔反应，恒压必变容，即

$$V=V_0(1+X_A) \tag{1.8-C}$$

由于热分解一般可视为一级反应，故

$$r_{A1}=k_{p1}p_A, \quad r_{A2}=k_{p2}p_A$$

$$-\frac{dn_A}{Vdt} = r_A = r_{A1} + r_{A2} = (k_{p1}+k_{p2})p_A = (k_{p1}+k_{p2})p_{A0}\frac{1-X_A}{1+X_A}$$

将式(1.8-A)～式(1.8-C)代入上式，整理得

$$\frac{dX_A}{dt} = (k_{p1}+k_{p2})p_{A0}V_0(1+X_A)\frac{1-X_A}{1+X_A} = (k_{C1}+k_{C2})(1-X_A)$$

积分得

$$(k_{C1}+k_{C2})t = \ln\frac{1}{1-X_A} \Rightarrow e^{-(k_{C1}+k_{C2})t} = \frac{n_A}{n_{A0}}$$

将已知参数代入得

$$t=0.22(s)$$

(2) 求丙烷、乙烯和丙烯的物质的量。

因为

$$n_A = n_{A0}(1-X_A) = 3(1-1/3) = 2\,(\text{mol})$$

$$n_L = \frac{k_1}{k_1+k_2}(n_{A0}-n_A) = 0.549\,(\text{mol})$$

$$n_R = \frac{k_2}{k_1+k_2}(n_{A0}-n_A) = 0.451\,(\text{mol})$$

1.9 已知在 Fe-Mg 催化剂上水煤气变换反应的正反应速率方程为

$$r_A=k_w y_A^{0.85}y_L^{-0.4} \quad \text{kmol/(kg·h)} \tag{1.9-A}$$

式中：y_A 和 y_L 为一氧化碳及二氧化碳的瞬时摩尔分数，0.103 MPa 及 700 K 时反应速率常数 $k_W=0.0535\,\text{kmol/(kg·h)}$。若催化剂的比表面积为 30 m²/g，堆密度为 1.13 g/cm³。试计算：

(1) 以反应体积为基准的速率常数 k_V；

(2) 以反应相界面积为基准的速率常数 k_S；

(3) 以分压表示反应物系组成时的反应速率常数 k_p；

(4) 以物质的量浓度表示反应物系组成时的反应速率常数 k_c。

【解】 由式(1.23)有

$$k_V=ak_S=\rho_b k_W \tag{1.9-B}$$

由式(1.24)有

$$k_c=k_p(RT)^n=k_y(RT/p_T)^n \tag{1.9-C}$$

床层密度

$$\rho_b = \frac{1.13\times10^6}{1000}=1.13\times10^3(\mathrm{kg/m^3})$$

催化剂的比表面积

$$a=S_g\rho_b=30\times10^3\times1.13\times10^3=3.39\times10^7(\mathrm{m^2/m^3})$$

(1) 求体积速率常数 k_V。

由式(1.9-B)得

$$k_V=\rho_b k_W=1.13\times10^3\times0.0535=60.455\ [\mathrm{kmol/(m^3\cdot h)}]$$

(2) 求面积速率常数 k_S。

由式(1.9-B)得

$$k_S = \frac{k_W\times1.13\times10^3}{3.39\times10^7}=1.783\times10^{-6}[\mathrm{kmol/(m^2\cdot h)}]$$

(3) 求分压速率常数 k_p。

由式(1.9-A)得

$$r_p = k_W\left(\frac{1}{p_T}\right)^{0.85-0.4} p_A^{0.85}p_L^{-0.4}$$

$$k_p=k_W p_T^{-0.45}=0.0535\times0.103^{-0.45}=0.149\ [\mathrm{kmol/(kg\cdot h\cdot MPa^{-0.45})}]$$

(4) 求浓度速率常数 k_c。

由式(1.9-A)得

$$r_c = k_W\left(\frac{RT}{p_T}\right)^{0.85-0.4} c_A^{0.85}c_L^{-0.4}$$

$$k_c=k_W(RT/p_T)^{-0.45}=0.0535\times(0.08206\times700/1)^{-0.45}$$
$$=8.644\times10^{-2}[(\mathrm{m^3/kmol})^{-0.45}\cdot\mathrm{kmol/(kg\cdot h)}]$$

1.10 有一反应，温度 58.1℃时，速率常数为 0.117 $\mathrm{h^{-1}}$，温度 77.9℃时，速率常数为 0.296 $\mathrm{h^{-1}}$，试求反应的活化能和指前因子。

【解】 T_1=58.1+273=331.1(K)，T_2=77.9+273=350.9(K)，由式(1.25)有

$$E = \frac{RT_1T_2}{T_1-T_2}\ln\frac{k_1}{k_2}$$
$$= \frac{8.314\times331.1\times350.9}{331.1-350.9}\ln\frac{0.117}{0.296}$$
$$=45281.642(\mathrm{kJ/kmol})$$

由式(1.13)有

$$k_{01} = k_1 \exp\left(\frac{E}{RT_1}\right) = 0.117\exp\left(\frac{45281.642}{8.314 \times 331.1}\right) = 1.63 \times 10^6 \ (\text{h}^{-1})$$

$$k_{02} = k_2 \exp\left(\frac{E}{RT_2}\right) = 0.296\exp\left(\frac{45281.642}{8.314 \times 350.9}\right) = 1.63 \times 10^6 \ (\text{h}^{-1})$$

$$k_0 = (k_{01} + k_{02})/2 = 1.63 \times 10^6 (\text{h}^{-1})$$

1.11　一般反应温度上升 10℃，反应速率增大一倍(为原来的 2 倍)。为了使这一规律成立，活化能与温度间应保持什么关系？求出温度为 400 K、600 K、800 K 下的活化能。

【解】　设 r_{A1} 为 T_1 时的反应速率，r_{A2} 为 T_2 时的反应速率，在同样的浓度条件下有

$$\ln \frac{r_{A2}}{r_{A1}} = \ln \frac{k_2}{k_1} = \ln 2$$

而

$$\ln \frac{k_2}{k_1} = \frac{E}{R}\left(\frac{1}{T_1} - \frac{1}{T_2}\right) = \frac{E}{8.314}\frac{10}{T_1(T_1+10)} = \ln 2$$

得

$$E = 0.8314 \times \ln 2 \times T_1(T_1 + 10)$$

当 T=400 K 时

$$E = 0.8314 \times \ln 2 \times 400(400 + 10) = 94510.341(\text{J/mol})$$

当 T=600 K 时

$$E = 0.8314 \times \ln 2 \times 600(600 + 10) = 210919.119(\text{J/mol})$$

当 T=800 K 时

$$E = 0.8314 \times \ln 2 \times 800(800 + 10) = 373431.103(\text{J/mol})$$

1.12　在实际生产中合成氨反应 $1.5H_2 + 0.5N_2 \rightleftharpoons NH_3$ 是在高温高压下采用熔融铁催化剂进行的。该反应为可逆放热反应，拟计算在 25.33 MPa 下，以 3：1(物质的量比)的氢氮混合气进行反应，氨含量 15%条件下的最佳温度。讨论如果氨含量不变，反应系统压力变化，最佳温度将如何变化。

已知该催化剂的正反应活化能为 58618 J/mol，逆反应的活化能为 167480 J/mol。平衡常数 K_p 与温度 T(K)及总压 p(MPa)的关系为

$$\lg K_p = \frac{2172.26 + 19.6478p}{T_{eq}} - (4.2505 + 0.02149p) \tag{1.12-A}$$

【解】　将反应式改写为

$$1.5A + 0.5B \rightleftharpoons L$$

当氨含量为 15%时，N_2 与 H_2 的混合气含量占 85%，此时

$$p_A = 85\% \times \frac{3}{4} \times p , \qquad p_B = 85\% \times \frac{1}{4} \times p$$

则平衡常数

$$K_p = \frac{p_L}{p_A^{1.5} \times p_B^{0.5}} = \frac{15\% p}{(85\% \times \frac{3}{4} \times p)^{1.5} \times (85\% \times \frac{1}{4} \times p)^{0.5}} = 0.639/p \tag{1.12-B}$$

p=25.33 MPa 时，K_p=2.523×10^{-2}(MPa)$^{-1}$，代入式(1.12-A)得

$$\lg(2.523 \times 10^{-2}) = \frac{2172.26 + 19.6478 \times 25.33}{T_{eq}} - (4.2505 + 0.02149 \times 25.33)$$

所以

$$T_{eq}=835.202(K)$$

由式(1.27)计算最佳温度

$$T_{opt} = \frac{T_{eq}}{1 + T_{eq} \dfrac{R}{E_2 - E_1} \ln\left(\dfrac{E_2}{E_1}\right)}$$

$$= \frac{835.202}{1 + 835.202 \times \dfrac{8.314}{(167480 - 58618)} \times \ln\dfrac{167480}{58618}} = 782.784 \,(K)$$

将式(1.12-B)代入式(1.12-A)整理得

$$T_{eq} = \frac{2172.26 + 19.6478 p}{(4.056 + 0.2149 p - \lg p)} \tag{1.12-C}$$

对式(1.12-C)求导得

$$\frac{dT_{eq}}{dp} = \frac{19.6478(4.056 + 0.2149 p - \lg p) - (2172.26 + 19.6478 p)[0.2149 - 1/(p \ln 10)]}{(4.056 + 0.2149 p - \lg p)^2}$$

$$p=217.8\,\text{MPa} , \quad \frac{dT_{eq}}{dp} = 0$$

$$p<217.8\,\text{MPa}, \quad \frac{dT_{eq}}{dp} > 0 \tag{1.12-D}$$

由式(1.12-B)知，如果氨含量不变，反应系统压力 p 增加，则平衡常数 K_p 下降，而合成氨生产压力远小于 217.8 MPa，所以由式(1.12-D)知，p 增加，则平衡温度 T_{eq} 增加，最佳温度 T_{opt} 增加。

1.5 练 习 题

【1.1】 合成聚氯乙烯所用的单体氯乙烯多是由乙炔和氯化氢以氯化汞为催化剂合成得到，反应式为

$$C_2H_2 + HCl \xrightarrow{\text{氯化汞}} CH_2 =\!\!= CHCl$$

由于乙炔价格高于氯化氢，通常使用的原料混合气中氯化氢是过量的，设其过量 10%。若反应器出口气体中氯乙烯摩尔分数为 90%，试分别计算乙炔的转化率和氯化氢的转化率。

答案：$X_{C_2H_2} = 99.47\%$，$X_{HCl} = 90.43\%$。

【1.2】 在银催化剂上进行甲醇氧化为甲醛的反应

$$CH_3OH + 0.5O_2 \longrightarrow HCHO + H_2O$$

$$CH_3OH + O_2 \longrightarrow CO + 2H_2O$$

进入反应器的原料中，甲醇：空气：水蒸气=2：4：1.3(物质的量比)，反应后甲醇的转化率达 72%，甲醛的收率为 69.2%。试计算：

(1) 反应的选择性；

(2) 反应器出口的气体组成。

答案：(1) $\bar{S} = 96.11\%$；(2) $y_{甲醇}=7.67\%$，$y_{氧}=1.16\%$，$y_{水蒸气}=38.50\%$，$y_{CO}=0.87\%$。

【1.3】 氢和氧在容积为 0.2 m^3 的反应器中进行燃烧反应。反应完全时，产生 108 kg/s 的废气，求氢和氧的反应速率。

答案：$r_{氢}=3\times10^4$ mol/($m^3\cdot$s)，$r_{氧}=1.5\times10^4$ mol/($m^3\cdot$s)。

【1.4】 某氨合成塔进塔空速(标准状态)为 20000 h^{-1}，p=200 atm，进塔组成为 NH_3 3%，CH_4 8.5%，Ar 4.5%，H_2 63%，N_2 21%，催化床平均温度为 475℃，出塔氨摩尔分数为 13%。试计算：

(1) 标准状态下的氨分解基空速；

(2) 出塔气体中 H_2、N_2、CH_4、Ar 的摩尔分数。

答案：(1) 20600 h^{-1}；(2) $y_{H_2}=51.7\%$，$y_{N_2}=17.2\%$，$y_{CH_4}=9.6\%$，$y_{Ar}=5.1\%$。

【1.5】 溴代异丁烷与乙醇钠溶液中按下式进行反应：

$$i\text{-}C_4H_9Br + C_2H_5ONa \longrightarrow NaBr + i\text{-}C_4H_9OC_2H_5$$

$$\text{(A)} \qquad \text{(B)} \qquad\qquad \text{(L)} \qquad \text{(M)}$$

已知溴代异丁烷与乙醇钠的初始浓度分别为 0.051 mol/L 和 0.076 mol/L，原料中无产物存在。在等温条件下反应一段时间后，分析得乙醇钠的浓度为 0.038 mol/L，试计算：

(1) 此时各组分的浓度；(2) 若速率方程为 $r_A=kc_Ac_B$，写出用反应物 A 的浓度表

达该反应的速率方程。

答案：(1) c_A=11.0 mol/m^3，c_B=38.6 mol/m^3，c_L=38.6 mol/m^3，c_M=38.6 mol/m^3；(2) $r_A=kc_A(c_A+25.7)$。

【1.6】　恒容间歇条件下，反应 $A \rightleftharpoons L$ 的速率方程为 $-\dfrac{dc_A}{dt} = kc_A - k'c_L$，试推导其用浓度表示的等温积分形式。

答案：$(k + k')t = \ln\dfrac{c_{A0} - c_{Ae}}{c_A - c_{Ae}}$。

【1.7】　在一间歇反应器中，等温条件下进行反应 $A \longrightarrow L$，经过 8 min 后，反应物的转化率为80%，经过 18 min 后，转化率为90%，求表达此反应的速率方程。

答案：$r_A=kc_A^2$。

【1.8】　气相反应 $A+2B \longrightarrow 1.5L+2M$，开始时原料气各组分的含量为 2 mol A，4 mol B，2 mol 惰性气体 I，当 X_A=0.75 时，试计算反应物 A 的膨胀因子、膨胀率和各组分的体积分数。当惰性气体 I 为 4 mol 时，反应物 A 的膨胀因子、膨胀率又为多少？分析计算结果。

答案：y_A=5.71%，y_B=11.43%，y_L=25.71%，y_M=34.39%，y_I=22.86%，δ_A=0.5，ε_A=0.125(n_{I0}=2 mol)，ε_A=0.1(n_{I0}=4 mol)。

【1.9】　常压、高温下氨在铁催化剂上分解，化学反应式为 $2NH_3 \longrightarrow N_2+3H_2$。现有含 95%氨和 5%惰性气体的原料进入反应器进行分解，在反应器出口处测得未分解的氨气为 3%，求氨的转化率及反应器出口处组分的摩尔分数。

答案：X_A=94%，y_L=23.6%，y_M=70.8%，y_I=2.6%。

【1.10】　在一间歇恒容反应器中于 916℃进行乙酸高温裂解制烯酮的反应，即

$$CH_3COOH \xrightarrow{k_1} CH_2\!=\!\!=\!CO + H_2O \quad k_1 = 4.65\,s^{-1}$$
$$CH_3COOH \xrightarrow{k_2} CH_4 + CO_2 \quad k_2 = 3.77\,s^{-1}$$

进料中无产物，求：

(1) 两个反应各是几级？依据是什么？

(2) 乙酸反应掉 99%时所需的时间；

(3) 此温度下烯酮的总收率。

答案：(1) 由速率常数的单位判断两反应均为一级反应；(2) 0.549 s；(3) 0.548。

【1.11】　某气相反应在 123℃进行：

(1) 若速率方程为 $-\dfrac{dp_A}{dt} = 3.66 p_A^2$ (atm/h)，试写出反应速率常数的单位；

(2) 若速率方程为 $r_A = -\dfrac{dn_A}{Vdt} = kc_A^2$ [mol/(L·h)]，试计算反应速率常数。

答案：(1) 1/(atm·h)；(2) 121.14 L/(mol·h)。

【1.12】 气相反应 $A+B \rightleftharpoons L$，反应的速率方程为 $r_A = k_p(p_A p_B - \frac{p_L}{K})$ [mol/(m³·h)]，式中 $k_p = 1.26 \times 10^{-4} \exp(-\frac{91216}{RT})$，$K = 7.18 \times 10^{-7} \exp(\frac{123852}{RT})$。已知 $p_{A0}=p_{B0}=0.5$ kg/cm²，$p_{L0}=0$，$p=1$ kg/cm²，求该反应最佳温度与转化率之间的关系。

答案：$T_{opt} = \dfrac{123852}{8.314\ln\left[328.3\dfrac{X_A(2-X_A)}{(1-X_A)^2}\right]}$。

【1.13】 乙烯直接水合是一个可逆放热反应，其反应式为 $C_2H_4+H_2O \rightleftharpoons C_2H_5OH$，反应过程中操作压力 70 atm，反应温度 290℃，原料气 H_2O/C_2H_4=0.7(物质的量比)，正反应活化能 E_1=30000 kcal/kmol，操作条件下反应热效应 ΔH_r=-11140 kcal/kmol，计算转化率在 10% 下的最佳温度。反应平衡常数 K_p 与温度 T 的关系为 $\lg K_p = \dfrac{2093}{T_{eq}} - 6.304$。

答案：517 K。

第 2 章　停留时间分布与流动模型

2.1　内 容 框 架

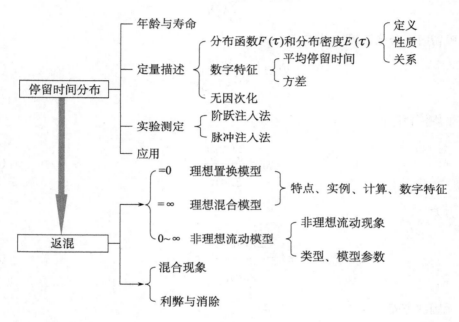

2.2　知 识 要 点

2-1　了解年龄、寿命和闭式系统的定义。

2-2　掌握停留时间分布的定量描述及测定方法。

2-3　掌握理想置换模型的特点、工业实例、计算及数字特征。

2-4　掌握理想混合模型的特点、工业实例、计算及数字特征。

2-5　掌握非理想流动现象类型及停留时间分布密度函数 $E(\theta)$ 具有的特征。

2-6　了解非理想流动模型的类型及模型参数的值。

2-7　掌握混合现象的类型及含义。

2-8　掌握返混的利弊与限制的分析。

2.3　主　要　公　式

停留时间分布函数 $F(\tau)$

$$F(\tau) = \frac{\sum\limits_{0}^{\tau}(c)_p}{\sum\limits_{0}^{\infty}(c)_p} \tag{2.1}$$

停留时间分布密度函数 $E(\tau)$

$$E(\tau) = \frac{(c)_p}{\sum\limits_{0}^{\infty}(c_i)_p \Delta\tau_i} \tag{2.2}$$

平均停留时间

$$\tau_M = \frac{\sum\limits_{0}^{\infty}(c)_p \tau}{\sum\limits_{0}^{\infty}(c)_p} \tag{2.3}$$

方差

$$\sigma_\tau^2 = \frac{\sum\limits_{0}^{\infty}(c)_p \tau^2}{\sum\limits_{0}^{\infty}(c)_p} - \tau_M^2 \tag{2.4}$$

无因次方差

$$\sigma_\theta^2 = \frac{\sigma_\tau^2}{\tau_M^2} \tag{2.5}$$

阶跃注入法的停留时间分布函数 $F(\tau)$

$$F(\tau) = \left(\frac{c}{c_0}\right)_S \tag{2.6}$$

平推流的停留时间分布函数 $F(\theta)$

$$F(\theta) = \begin{cases} 0 & \theta < 1 \\ 1 & \theta \geqslant 1 \end{cases} \tag{2.7}$$

平推流的停留时间分布密度函数 $E(\theta)$

$$E(\theta) = \begin{cases} \infty & \text{当}\,\theta = 1 \\ 0 & \text{当}\,\theta \neq 1 \end{cases} \tag{2.8}$$

全混流的停留时间分布函数

$$F(\theta) = 1 - e^{-\theta} \tag{2.9}$$

全混流的停留时间分布密度函数

$$E(\theta)=\mathrm{e}^{-\theta} \tag{2.10}$$

无因次平均停留时间

$$\bar{\theta} = \int_0^\infty \theta E(\theta)\mathrm{d}\theta \tag{2.11}$$

$$\bar{\theta} = \frac{\tau}{\tau_\mathrm{M}}$$

平均浓度

$$\bar{c}_\mathrm{A} = \int_0^\infty c_\mathrm{A}(\tau)E(\tau)\mathrm{d}\tau \tag{2.12}$$

等温恒容二级反应的浓度与时间关系式

$$c_\mathrm{A} = \frac{c_\mathrm{A0}}{1+kc_\mathrm{A0}\tau} \tag{2.13}$$

多级理想混合模型的模型参数

$$\sigma_\theta^2 = \frac{1}{N} \tag{2.14}$$

轴向扩散模型的模型参数

$$\sigma_\theta^2 \approx \frac{2}{Pe} \tag{2.15}$$

2.4　习　题　解　答

2.1　用脉冲法测定一流动反应器的停留时间分布，得到出口流中示踪物的浓度 $c(\tau)$ 与时间 τ 的关系如下

τ/min	0	2	4	6	8	10	12	14	16	18	20	22	24
$c(\tau)$/(g/min)	0	1	4	7	9	8	5	2	1.5	1	0.6	0.2	0

试求平均停留时间及方差。

【解】　用题给数据由式(2.1)和式(2.2)计算 $F(\tau)$ 及 $E(\tau)$

$$F(\tau) = \frac{\sum\limits_0^\tau (c)_p}{\sum\limits_0^\infty (c)_p}, \qquad E(\tau) = \frac{(c)_p}{\sum\limits_0^\infty (c_i)_p \Delta\tau_i}$$

计算结果见表 2.1-A。

表 2.1-A 停留时间分布函数和分布密度

τ/min	$(c)_p$/(g/m³)	$(c)_p\tau$/(min·g/m³)	$\sum_0^\tau (c)_p$/(g/m³)	$F(\tau)$	$E(\tau)\times100$	$(c)_p\tau^2$/(min²·g/m³)
0	0	0	0	0.000	0.000	0
2	1	2	1	0.025	1.272	4
4	4	16	5	0.127	5.089	64
6	7	42	12	0.305	8.906	252
8	9	72	21	0.534	11.450	576
10	8	80	29	0.738	10.178	800
12	5	60	34	0.865	6.361	720
14	2	28	36	0.916	2.545	392
16	1.5	24	37.5	0.954	1.908	384
18	1	18	38.5	0.980	1.272	324
20	0.6	12	39.1	0.995	0.763	240
22	0.2	4.4	39.3	1.000	0.254	96.8
24	0	0	39.3	1.000	0.000	0
Σ	39.3	358.4				3852.8

用表 2.1-A 数据由式(2.3)~式(2.5)计算平均停留时间及方差

$$\tau_M = \frac{\sum_0^\infty (c)_p \tau}{\sum_0^\infty (c)_p} = \frac{358.4}{39.3} = 9.12 \,(\text{min})$$

$$\sigma_\tau^2 = \frac{\sum_0^\infty (c)_p \tau^2}{\sum_0^\infty (c)_p} - \tau_M^2 = \frac{3852.8}{39.3} - 9.12^2 = 14.861 \,(\text{min}^2)$$

$$\sigma_\theta^2 = \sigma_\tau^2/\tau_M^2 = 14.861/9.12^2 = 0.179$$

2.2 某反应器用阶跃注入法测得下列数据

时间/s	0	15	25	35	45	55	65	75	95	105
出口浓度/(mg/m³)	0	0.5	1.0	2.0	4.0	5.5	6.5	7.0	7.7	7.7

试求 $F(\tau)$ 并绘出 $F(\tau)$-τ 图。

【解】 由式(2.6)知

$$F(\tau) = \left(\frac{c}{c_0}\right)_S$$

因出口示踪物浓度最后维持在 7.7 mg/m³ 不变,可知示踪物进口浓度 c_0 即为

7.7 mg/m^3，所以可由上式求出 $F(\tau)$，其结果列于下表。

时间/s	0	15	25	35	45	55	65	75	95	105
出口浓度/(mg/m^3)	0	0.5	1	2	4	5.5	6.5	7	7.7	7.7
$F(\tau)$	0	0.065	0.130	0.260	0.519	0.714	0.844	0.909	1.0	1.0

根据表中数据绘出 $F(\tau)$-τ 图，如图 2.2-A 所示。

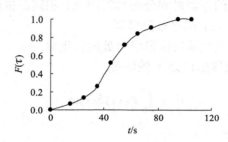

图 2.2-A　停留时间分布函数

2.3　设 $F(\theta)$ 及 $E(\theta)$ 分别为流动反应器的停留时间分布函数及停留时间分布密度，θ 为无因次时间。

(1) 若为平推流反应器，试求 θ=0.8、1、1.2 时的 $F(\theta)$ 及 $E(\theta)$；

(2) 若为全混流反应器，试求 θ=0.8、1、1.2 时的 $F(\theta)$ 及 $E(\theta)$；

(3) 若为一个非理想流动反应器，试求：

① $F(\infty)$；② $F(0)$；③ $E(\infty)$；④ $E(0)$；⑤ $\displaystyle\int_0^\infty E(\theta)\mathrm{d}\theta$；⑥ $\displaystyle\int_0^\infty \theta E(\theta)\mathrm{d}\theta$。

【解】　(1) 求平推流反应器的 $F(\theta)$ 及 $E(\theta)$。

由式(2.7) $F(\theta) = \begin{cases} 0 & \theta<1 \\ 1 & \theta\geqslant1 \end{cases}$ 得

$$F(0.8)=0,\ F(1)=1,\ F(1.2)=1$$

由式(2.8) $E(\theta) = \delta(\theta-1) = \begin{cases} \infty & \text{当}\,\theta=1 \\ 0 & \text{当}\,\theta\neq1 \end{cases}$ 得

$$E(0.8)=0,\ E(1)=\infty,\ E(1.2)=0$$

(2) 求全混流反应器的 $F(\theta)$ 及 $E(\theta)$。

由式(2.9)$F(\theta)=1-\mathrm{e}^{-\theta}$ 得

$$F(0.8)=0.551,\ F(1)=0.632,\ F(1.2)=0.699$$

由式(2.10)$E(\theta)=\mathrm{e}^{-\theta}$ 得

$$E(0.8)=0.449,\ E(1)=0.368,\ E(1.2)=0.301$$

(3) 非理想流动反应器 $F(\theta)$ 及 $E(\theta)$。

① $F(\infty)=1$；② $F(0)=0$；③ $E(\infty)=0$；④ $E(0)=0$；⑤ $\int_0^\infty E(\theta)\mathrm{d}\theta=1$；

⑥ $\int_0^\infty \theta E(\theta)\mathrm{d}\theta=\overline{\theta}$。

2.4 等温下在反应体积为 4.55 m³ 的流动反应器中进行液相反应 $2A\longrightarrow L+M$，反应的速率方程为 $r_A=2.4\times10^{-3}c_A^2$ m³/(mol·min)，进料体积流量为 0.5 m³/min，$c_{A0}=1.6$ kmol/m³。该反应器的停留时间分布与习题 2.1 相同。试计算反应器出口处的转化率：(1) 用离散模型；(2) 用平推流模型。

【解】 (1) 用离散模型求反应器出口处的转化率。

由式(2.12)计算反应器出口处 A 的浓度

$$\overline{c}_A=\int_0^\infty c_A(\tau)E(\tau)\mathrm{d}\tau \tag{2.4-A}$$

由式(2.13)计算 $c_A(\tau)$

$$c_A=\frac{c_{A0}}{1+kc_{A0}\tau} \tag{2.4-B}$$

其计算结果列于表 2.4-A 第 4 列。

式(2.4-A)中的 $E(\tau)$ 在习题 2.1 中已计算出。

式(2.4-A)中的 $c_A(\tau)E(\tau)$ 列于表 2.4-A 第 5 列。

表 2.4-A　不同时刻下的 c_A 值

时间/min	$(c)_p$ /(g/m³)	$E(\tau)\times10^3$/min⁻¹	$c_A\times10^2$/(kmol/m³)	$c_A(\tau)E(\tau)\times10^5$/[kmol/(m³·min)]
0	0	0	160	0
2	1	12.723	18.433	234.519
4	4	50.891	9.780	497.707
6	7	89.059	6.656	592.736
8	9	114.504	5.044	577.573
10	8	101.781	4.061	413.325
12	5	63.613	3.398	216.188
14	2	25.445	2.922	74.347
16	1.5	19.084	2.562	48.902
18	1	12.723	2.282	29.031
20	0.6	7.634	2.057	15.699
22	0.2	2.545	1.872	4.763
24	0	0	1.717	0

利用表 2.4-A 中的第 5 列数据，由梯形公式可计算出式(2.4-A)中的积分值为

$0.0541\,kmol/m^3$，也为反应器出口处 A 的浓度。因此，转化率为

$$\bar{X}_A = \frac{1.6 - 0.0541}{1.6} \times 100\% = 96.62\%$$

(2) 用平推流模型求反应器出口处的转化率。由题给数据求空时

$$\tau = 4.55/0.5 = 9.1(\text{min})$$

将 τ 值代入式(2.4-B)中即可求出反应器出口处 A 的浓度

$$c_A = \frac{1.6}{1 + 2.4 \times 1.6 \times 9.1} = 0.0445\,(\text{kmol/m}^3)$$

出口转化率为

$$X_A = \frac{1.6 - 0.0445}{1.6} \times 100\% = 97.22\%$$

按两种模型计算出的结果很接近，其原因是该反应器的停留时间分布与平推流偏离不大。

2.5　用脉冲注入法测得反应器出口示踪物浓度和时间的关系如下

时间/s	0	5	10	15	20	25	30	35
出口浓度/(kg/m³)	0	3	5	5	4	2	1	0

若用轴向扩散模型来模拟该反应器的流动状态，求模型参数 Pe。若改用多级理想混合模型来模拟，模型参数 N 又是多少？

【解】　由式(2.3)和式(2.4)计算平均停留时间及方差

$$\tau_M = \frac{\sum\limits_0^\infty (c)_p \tau}{\sum\limits_0^\infty (c)_p}$$

$$\sigma_\tau^2 = \frac{\sum\limits_0^\infty (c)_p \tau^2}{\sum\limits_0^\infty (c)_p} - \tau_M^2$$

根据题给的 $(c)_p$-τ 关系，计算不同时刻下 $(c)_p\tau$ 及 $(c)_p\tau^2$ 的值，结果如下

时间/s	0	5	10	15	20	25	30	35	合计
出口浓度/(kg/m³)	0	3	5	5	4	2	1	0	20
$(c)_p\tau$	0	15	50	75	80	50	30	0	300
$(c)_p\tau^2$	0	75	500	1125	1600	1250	900	0	5450

$$\tau_M = \frac{300}{20} = 15\,(\text{s})$$

$$\sigma_\tau^2 = \frac{5450}{20} - 15^2 = 47.5\,(\text{s}^2)$$

故

$$\sigma_\theta^2 = \sigma_\tau^2 / \tau_M^2 = 47.5/15^2 = 0.211$$

若用多级全混流模型来模拟该反应器的流动状态，由式(2.14)求模型参数 N

$$N = 1/\sigma_\theta^2 = 1/0.211 = 4.739 \approx 5$$

由此可见，该反应器的停留时间分布近似地可用 5 个等体积的全混流反应器串联来模拟。

若用轴向扩散模型来模拟，由式(2.15)求模型参数 Pe

$$Pe \approx 2/\sigma_\theta^2 = 2/0.211 = 9.479$$

即用轴向扩散模型来模拟时的模型参数 Pe 为9.479。

2.5 练 习 题

【2.1】 示踪物脉冲注入一反应器，所测出口浓度随时间的变化关系如下

时间/min	0	1	2	3	4	5	6	7	8	9	10	12	14
出口浓度/(g/m³)	0	1	5	8	10	8	6	4	3	2.2	1.5	0.6	0

绘出 $c(\tau)$-τ 和 $E(\tau)$-τ 图，并确定反应器内停留时间在 3~6 min，7.75~8.25 min，以及不超过 3 min 的流体所占百分数。

答案：$E(\tau)=c(\tau)/50(1/\text{min})$，$\int_3^6 E(\tau)\mathrm{d}\tau = 0.5$，$\int_{7.75}^{8.25} E(\tau)\mathrm{d}\tau = 0.03$，$\int_0^3 E(\tau)\mathrm{d}\tau = 0.2$。

【2.2】 根据练习题 2.1 的停留时间分布数据，计算该反应器的平均停留时间和方差。

答案：$\tau_M=5.16$ min，$\sigma_\tau^2 = 6$ min²。

【2.3】 反应器内进行液相一级不可逆反应，其停留时间分布由练习题 2.1、2.2 的实验数据给出。若反应速率常数 $k = 0.1$ min^{-1}，计算反应器出口转化率。

答案：38.2%。

【2.4】 液相二聚反应 $2A \xrightarrow{k} B$，速率方程为 $r_A = kc_A^2$，反应温度下 $k = 0.01$ L/(mol·min)，以纯 A 进料，$c_{A0} = 8$ mol/L，搅拌反应器体积 1000 L，进料体积流量 25 L/min。以脉冲法实验，示踪剂加入量为 100 g，实验时间和反应器出口示踪剂浓度如下

τ/min	c/(mg/L)	$E(\tau)\times100$/min^{-1}	$1-F(\tau)$	$E(\tau)/[1-F(\tau)]$/min^{-1}
0	112	2.8	1	0.028
5	95.8	2.4	0.871	0.0276
10	82.2	2.06	0.76	0.0271
15	70.6	1.77	0.663	0.0267
20	60.9	1.52	0.584	0.026
30	45.6	1.14	0.472	0.0242
40	34.5	0.863	0.353	0.0244
50	26.3	0.658	0.278	0.0237
70	15.7	0.393	0.174	0.0226
100	7.67	0.192	0.087	0.0221
150	2.55	0.0638	0.024	0.0266
200	0.9	0.0225	0.003	0.075

试确定因微观混合程度的差异，相应的反应器出口转化率范围。

答案：离散模型 $\overline{X}_A$ =61%，最大混合模型 $\overline{X}_A$ =56%。

【2.5】　有一反应器，用阶跃示踪法测定其停留时间，获得如下数据：

θ	0	0.5	0.7	0.875	1.00	1.50	2.0	2.5	3.0
$F(\theta)$	0	0.10	0.22	0.4	0.57	0.84	0.94	0.98	0.99

已知反应速率常数 k 为 0.1 s^{-1}，停留时间 τ 为 10 s：

(1) 若反应器内的流体流动能用离散模型描述，试计算转化率；

(2) 若反应器内的流体流动能用轴向扩散模型描述，试计算模型参数贝克来数 Pe 和转化率。

答案：(1) $\overline{X}_A$ =60.4%；(2) Pe=12.346，$\overline{X}_A$ =60.7%。

第3章 均相反应器

3.1 内容框架

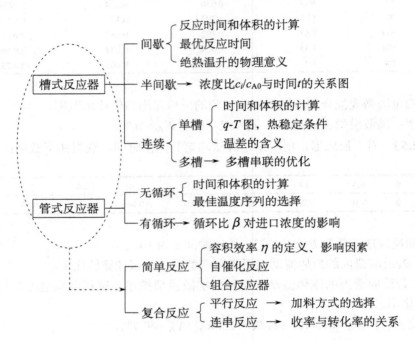

3.2 知识要点

3-1 掌握间歇槽式反应器反应时间的计算(总式及1、2级的积分式),了解影响反应体积的因素和最优反应时间。

3-2 掌握绝热温升的物理意义以及不同反应绝热温升的大小。

3-3 掌握半间歇槽式反应器反应物和产物的浓度分布图的绘制及原因分析。

3-4 掌握连续槽式反应器空间时间或反应体积的计算(总式及1、2级)。

3-5 掌握理想混合反应器(CSTR)移热速率、放热速率 q-T 图的绘制,定态点热稳定性分析,稳定条件,并了解各种温差的意义。

3-6 掌握管式反应器空间时间或反应体积的计算(总式及1、2级积分式),掌握最佳温度序列的选择。

3-7 了解循环管式反应器循环比 β 对进口浓度的影响。

3-8 掌握容积效率的定义和计算式及反应级数和转化率对容积效率的影响。

3-9 掌握自催化反应在转化率不同时反应器的选择。

3-10 掌握组合反应器的相关计算。

3-11 掌握双反应组分平行反应加料方式的选择。

3.3 主 要 公 式

间歇槽式反应器：基础设计方程式

$$t = c_{A0} \int_0^{X_{Af}} \frac{dX_A}{r_A} = -\int_{c_{A0}}^{c_{Af}} \frac{dc_A}{r_A} \tag{3.1}$$

等温恒容一级反应反应时间计算式

$$t = \frac{1}{k} \ln \frac{c_{A0}}{c_A} = \frac{1}{k} \ln \frac{1}{1-X_A} \tag{3.2}$$

等温恒容二级反应反应时间计算式

$$t = \frac{1}{k}\left(\frac{1}{c_A} - \frac{1}{c_{A0}}\right) = \frac{1}{c_{A0}k}\frac{X_A}{1-X_A} \tag{3.3}$$

半间歇反应器：反应物 A 的浓度 c_A 与反应时间的关系

$$\frac{c_A}{c_{A0}} = \frac{1-e^{-kt}}{k(t+V_0/Q_0)} \tag{3.4}$$

反应物 A 的转化率

$$X_A = 1 - \frac{1}{kt}(1-e^{-kt}) \tag{3.5}$$

产物 L 的浓度 c_L 与反应时间的关系

$$\frac{c_L}{c_{A0}} = \frac{kt-(1-e^{-kt})}{k(t+V_0/Q_0)} \tag{3.6}$$

CSTR：基础设计方程式

$$\tau_m = \frac{V_R}{Q_0} = \frac{c_{A0}X_{Af}}{r_{Af}} = \frac{c_{A0}-c_{Af}}{r_{Af}} \tag{3.7}$$

等温恒容一级反应反应时间计算式

$$\tau_m = \frac{c_{A0}-c_{Af}}{kc_{Af}} = \frac{X_{Af}}{k(1-X_{Af})} \tag{3.8}$$

等温恒容二级反应反应时间计算式

$$\tau_m = \frac{c_{A0}-c_{Af}}{kc_{Af}^2} = \frac{X_{Af}}{kc_{A0}(1-X_{Af})^2} \tag{3.9}$$

放热速率

$$q_{\mathrm{q}} = V_{\mathrm{R}}(-\Delta H_{\mathrm{r}})k_0\exp\left(-\frac{E}{RT}\right)c_{\mathrm{A}0}^n(1-X_{\mathrm{A}})^n \tag{3.10}$$

移热速率

$$q_{\mathrm{r}} = (hA + Q_0\rho\overline{C}_p)T - (hAT_{\mathrm{c}} + Q_0\rho\overline{C}_pT_0) \tag{3.11}$$

PFR(恒容)：基础设计方程式

$$\tau_{\mathrm{p}} = \frac{V_{\mathrm{R}}}{Q_0} = c_{\mathrm{A}0}\int_0^{X_{\mathrm{Af}}}\frac{\mathrm{d}X_{\mathrm{A}}}{r_{\mathrm{A}}} = -\int_{c_{\mathrm{A}0}}^{c_{\mathrm{Af}}}\frac{\mathrm{d}c_{\mathrm{A}}}{r_{\mathrm{A}}} \tag{3.12}$$

等温恒容一级反应反应时间计算式

$$\tau_{\mathrm{p}} = \frac{1}{k}\ln\frac{c_{\mathrm{A}0}}{c_{\mathrm{A}}} = \frac{1}{k}\ln\frac{1}{1-X_{\mathrm{A}}} \tag{3.13}$$

等温恒容二级反应反应时间计算式

$$\tau_{\mathrm{p}} = \frac{1}{k}\left(\frac{1}{c_{\mathrm{A}}} - \frac{1}{c_{\mathrm{A}0}}\right) = \frac{1}{c_{\mathrm{A}0}k}\frac{X_{\mathrm{A}}}{1-X_{\mathrm{A}}} \tag{3.14}$$

PFR(变容)：基础设计方程式

$$\tau_{\mathrm{p}} = \frac{V_{\mathrm{R}}}{Q_0} = \frac{1}{kc_{\mathrm{A}0}^{n-1}}\int_0^{X_{\mathrm{Af}}}\frac{(1+\varepsilon_{\mathrm{A}}X_{\mathrm{A}})^n\mathrm{d}X_{\mathrm{A}}}{(1-X_{\mathrm{A}})^n} \tag{3.15}$$

等温变容一级反应反应时间计算式

$$\tau_{\mathrm{p}} = -\frac{1}{k}[(1+\varepsilon_{\mathrm{A}})\ln(1-X_{\mathrm{A}}) + \varepsilon_{\mathrm{A}}X_{\mathrm{A}}] \tag{3.16}$$

等温变容二级反应反应时间计算式

$$\tau_{\mathrm{p}} = \frac{1}{c_{\mathrm{A}0}k}\left[(1+\varepsilon_{\mathrm{A}})^2\frac{X_{\mathrm{A}}}{1-X_{\mathrm{A}}} + 2\varepsilon_{\mathrm{A}}(1+\varepsilon_{\mathrm{A}})\ln(1-X_{\mathrm{A}}) + \varepsilon_{\mathrm{A}}^2X_{\mathrm{A}}\right] \tag{3.17}$$

等温恒容一级连串反应在 PFR 的浓度关系式

$$c_{\mathrm{A}} = c_{\mathrm{A}0}\,\mathrm{e}^{-k_1 t} \tag{3.18}$$

$$c_{\mathrm{L}} = \frac{k_1 c_{\mathrm{A}0}}{k_2 - k_1}(\mathrm{e}^{-k_1 t} - \mathrm{e}^{-k_2 t}) \tag{3.19}$$

等温恒容一级连串反应在 CSTR 的浓度关系式

$$c_{\mathrm{A}} = c_{\mathrm{A}0}\frac{1}{1+k_1\tau_{\mathrm{m}}} \tag{3.20}$$

$$c_{\mathrm{L}} = c_{\mathrm{A}0}\frac{k_1\tau_{\mathrm{m}}}{(1+k_1\tau_{\mathrm{m}})(1+k_2\tau_{\mathrm{m}})} \tag{3.21}$$

$$c_{\mathrm{M}} = c_{\mathrm{A}0}\frac{k_1\tau_{\mathrm{m}}k_2\tau_{\mathrm{m}}}{(1+k_1\tau_{\mathrm{m}})(1+k_2\tau_{\mathrm{m}})}$$

$$\text{或 } c_{\mathrm{M}} = c_{\mathrm{A}0} - (c_{\mathrm{A}} + c_{\mathrm{L}}) \tag{3.22}$$

3.4　习　题　解　答

3.1　蔗糖在稀水溶液中按下式水解生成葡萄糖和果糖：

$$C_{12}H_{22}O_{11}+H_2O \xrightarrow{\ H^+\ } C_6H_{12}O_6+C_6H_{12}O_6$$
$$\text{蔗糖(A)}\quad\text{水(B)}\qquad\text{葡萄糖(L)}\quad\text{果糖(M)}$$

当水极大过量时，遵循一级反应动力学，即 $r_A=kc_A$，在催化剂 HCl 的浓度为 0.1 mol/L，反应温度 48℃时，速率常数 $k=0.0193\ \text{min}^{-1}$，当蔗糖的初始浓度为(a) 0.1 mol/L；(b) 0.5 mol/L 时，试计算：

(1) 反应 20 min 后，溶液(a)和(b)中蔗糖、葡萄糖和果糖的浓度各为多少？

(2) 此时，两溶液中的蔗糖转化率各达到多少？是否相等？

(3) 若要求蔗糖浓度降到 0.01 mol/L，它们各需反应多长时间？

【解】　对等分子液相反应，可略去液体的摩尔体积变化，故为恒容过程。

(1) 求各组分的浓度。

由式(3.2)知，经历不同反应时间后反应物 A 的残余浓度为

$$c_A=c_{A0}e^{-kt}$$

将反应物的初始浓度 c_{A0}、速率常数值和反应时间代入上式得

溶液(a)

$$c_{Aa}=0.1\times e^{-0.0193\times20}=0.068(\text{mol/L})$$

溶液(b)

$$c_{Ab}=0.5\times e^{-0.0193\times20}=0.34(\text{mol/L})$$

按化学计量关系，此时葡萄糖和果糖的浓度为

$$c_L=c_M=c_{A0}-c_A$$

溶液(a)

$$c_{La}=c_{Ma}=c_{A0a}-c_{Aa}=0.1-0.068=0.032(\text{mol/L})$$

溶液(b)

$$c_{Lb}=c_{Mb}=c_{A0b}-c_{Ab}=0.5-0.34=0.16(\text{mol/L})$$

(2) 求两溶液的转化率。

由式(3.2)知

$$X_A=1-e^{-kt}$$

溶液(a)

$$X_{Aa}=1-e^{-0.0193\times20}=1-0.68=0.32$$

溶液(b)

$$X_{Ab}=1-e^{-0.0193\times20}=1-0.68=0.32$$

这个结果表明，尽管在溶液(a)和溶液(b)中反应物的初始浓度不同，但经历相同的反应时间后，却具有相同的转化率。

(3) 求两溶液的反应时间。

由式(3.2)知

$$t = \frac{1}{k}\ln\frac{c_{A0}}{c_A}$$

溶液(a)

$$t_a = \frac{1}{k}\ln\frac{c_{A0a}}{c_{Af}} = \frac{1}{0.0193}\ln\frac{0.1}{0.01} = 119.305\,(\text{min})$$

溶液(b)

$$t_b = \frac{1}{k}\ln\frac{c_{A0b}}{c_{Af}} = \frac{1}{0.0193}\ln\frac{0.5}{0.01} = 202.695\,(\text{min})$$

所以，反应物初始浓度虽然提高了 5 倍，但达到规定的反应物残余浓度时，所需的反应时间却不到 2 倍。

3.2　乙酸与丁醇反应生成乙酸丁酯，反应式为

$$CH_3COOH + C_4H_9OH \Longrightarrow CH_3COOC_4H_9 + H_2O$$

$$(A) \qquad\qquad (B) \qquad\qquad (L) \qquad\qquad (M)$$

当反应温度为 100℃并使用 0.032%(质量分数)的 H_2SO_4 为催化剂时，速率方程为 $r_A = kc_A^2$，此时 $k = 17.4$ mL/(mol·min)。已知在同一间歇反应槽中，若进料中乙酸的浓度分别为(a)0.09 mol/L；(b)0.18 mol/L，其余为丁醇，试计算：

(1) 反应的初始速率；

(2) 乙酸转化率达到 50%时所需的反应时间；

(3) 若反应槽中投入 100 L 溶液，则各得多少千克乙酸丁酯？

【**解**】 (1) 求反应的初始速率。

按二级反应速率方程，初始速率为

溶液(a)

$$r_{A0a} = kc_{A0a}^2 = 17.4\times10^{-3}\times0.09^2 = 1.4094\times10^{-5}\,[\text{mol/(L·min)}]$$

溶液(b)

$$r_{A0b} = kc_{A0b}^2 = 17.4\times10^{-3}\times0.18^2 = 5.6376\times10^{-5}\,[\text{mol/(L·min)}]$$

可见溶液(b)的初始速率是溶液(a)的 4 倍。

(2) 求两溶液的反应时间。

由式(3.3)知

$$t = \frac{X_A}{c_{A0}k(1-X_A)}$$

溶液(a)

$$t_a = \frac{X_A}{c_{A0a}k(1-X_A)} = \frac{0.5}{0.09 \times 17.4 \times 10^{-3} \times (1-0.5)} = 638.570 \,(\text{min})$$

溶液(b)

$$t_b = \frac{X_A}{c_{A0b}k(1-X_A)} = \frac{0.5}{0.18 \times 17.4 \times 10^{-3} \times (1-0.5)} = 319.285 \,(\text{min})$$

可见，初始浓度提高一倍，达到同样转化率所需的反应时间缩短一半。

(3) 求产物乙酸丁酯的质量。

停止反应，乙酸转化率为 50% 时，乙酸丁酯的浓度各为

溶液(a)

$$c_{La} = c_{A0a}X_A = 0.09 \times 0.5 = 0.045 \,(\text{mol/L})$$

溶液(b)

$$c_{Lb} = c_{A0b}X_A = 0.18 \times 0.5 = 0.09 \,(\text{mol/L})$$

所以得到乙酸丁酯的质量为

溶液(a)

$$W_a = 100 \times c_{La} \times M_s = 100 \times 0.045 \times 116 = 5.22 \,(\text{kg})$$

溶液(b)

$$W_b = 100 \times c_{Lb} \times M_s = 100 \times 0.09 \times 116 = 10.44 \,(\text{kg})$$

计算结果表明，若初始浓度提高一倍，达到规定的转化率要求，不仅反应时间缩短一半，而且产品的生产量也增加一倍。

3.3　设某反应的速率方程为 $r_A = 0.35c_A^2$ mol/(L·s)，当 A 的浓度分别为(a)1 mol/L；(b) 5 mol/L 时，达到 A 的残余浓度 0.01 mol/L 时，各需多少时间？

【解】　在间歇反应器中，由式(3.3)知

$$t = \frac{1}{k}\left(\frac{1}{c_A} - \frac{1}{c_{A0}}\right)$$

所以

$$t_a = \frac{1}{k}\left(\frac{1}{c_{Af}} - \frac{1}{c_{A0a}}\right) = \frac{1}{0.35}\left(\frac{1}{0.01} - \frac{1}{1}\right) = 282.857 \,(\text{s})$$

$$t_b = \frac{1}{k}\left(\frac{1}{c_{Af}} - \frac{1}{c_{A0b}}\right) = \frac{1}{0.35}\left(\frac{1}{0.01} - \frac{1}{5}\right) = 285.143 \,(\text{s})$$

由此表明，对二级反应而言，若要求残余浓度很低时，尽管初始浓度相差很大，但所需的反应时间却相差很少。

3.4　试对一级反应和二级反应分别计算转化率从 90% 提高到 99% 时，转化所需的时间为其前期转化时间的倍数。

【解】　令反应物的浓度为单位浓度，则反应进程为

转化率 $0 \xrightarrow{\quad} 0.9 \xrightarrow{\quad} 0.99$；

浓度 $0 \xrightarrow[t_1]{\quad} 0.1 \xrightarrow[t_2]{\quad} 0.01$。

(1) 求一级反应的反应时间。

在间歇反应器中，由式(3.2)知

$$t = \frac{1}{k} \ln \frac{1}{1-X_A}$$

$$t_1 = \frac{1}{k} \ln \frac{1}{1-X_{A1}} = \frac{1}{k} \ln \frac{1}{1-0.9} = \frac{\ln 10}{k}$$

$$t_{1'} = \frac{1}{k} \ln \frac{1}{1-X_{A2}} = \frac{1}{k} \ln \frac{1}{1-0.99} = \frac{\ln 100}{k}$$

$$t_2 = t_{1'} - t_1 = \frac{\ln 100}{k} - \frac{\ln 10}{k} = \frac{\ln 10}{k}$$

故 $t_2 = t_1$，末期转化时间与其前期转化时间相同。

(2) 求二级反应的反应时间。

在间歇反应器中，由式(3.3)知

$$t = \frac{1}{c_{A0}k} \frac{X_A}{1-X_A}$$

$$t_1 = \frac{1}{k} \frac{0.9}{(1-0.9)} = \frac{9}{k}$$

$$t_{1'} = \frac{1}{k} \frac{0.99}{(1-0.99)} = \frac{99}{k}$$

$$t_2 = t_{1'} - t_1 = \frac{90}{k}$$

故 $t_2 = 10 t_1$，末期转化时间为其前期转化时间的 10 倍。

3.5 在间歇槽式反应器中进行液相反应 $A + B \longrightarrow L$，$r_A = k c_A c_B$，测得二级反应速率常数 $k = 61.5$ L/(mol·h)，$c_{A0} = 0.307$ mol/L。计算当 c_{B0}/c_{A0} 为 1 和 5 时，转化率分别为 50%、90%、99% 时的反应时间。

【解】 当 $c_{B0} = c_{A0}$ 时，$r_A = k c_A c_B = k c_{A0}^2 (1-X_A)^2$，由式(3.3)知

$$t = \frac{1}{c_{A0}k} \frac{X_A}{1-X_A} \tag{3.5-A}$$

将 $X_A = 0.5$、0.9、0.99 分别代入式(3.5-A)，可得

$$t_{0.5} = 0.053 \text{ h} \quad t_{0.9} = 0.477 \text{ h} \quad t_{0.99} = 5.244 \text{ h}$$

当 $M = c_{B0}/c_{A0} = 5$ 时

$$r_A = k c_A c_B = k c_{A0}^2 (1-X_A)(M-X_A)$$

代入式(3.1)得

$$t = c_{A0} \int_0^{X_A} \frac{\mathrm{d}X_A}{kc_{A0}^2(1-X_A)(M-X_A)} = \frac{1}{(M-1)kc_{A0}} \ln \frac{M-X_A}{M(1-X_A)} \tag{3.5-B}$$

将 X_A=0.5、0.9、0.99 分别代入式(3.5-B)，可得

$$t_{0.5}=0.008 \text{ h} \qquad t_{0.9}=0.028 \text{ h} \qquad t_{0.99}=0.058 \text{ h}$$

3.6 在等温间歇槽式反应器中进行皂化反应 $CH_3COOC_2H_5 + NaOH \longrightarrow$ $CH_3COONa + C_2H_5OH$，若该反应对乙酸乙酯和氢氧化钠均为一级，反应开始时乙酸乙酯和氢氧化钠的浓度均为 0.02 mol/L，反应速率常数为 5.6 L/(mol·min)，要求最终转化率为 95%，试求当反应体积分别为 1 m^3 和 2 m^3 时所需的反应时间。

【解】 因为该反应为二级反应，且为等温恒容反应。由式(3.3)得

$$t = \frac{1}{c_{A0}k} \frac{X_A}{1-X_A}$$

所以最终转化率为 0.95 时，反应时间为

$$t = \frac{0.95}{5.6 \times 0.02(1-0.95)} = 169.643(\text{min}) = 2.827 (\text{h})$$

因为间歇反应器的反应时间与反应器的大小无关，所以最终转化率为 0.95 时，反应体积为 1 m^3 和 2 m^3 时所需的反应时间相同，均为 2.827 h。

3.7 液相反应 $A+B \longrightarrow L$ 在半间歇槽式反应器中进行，B 一次性全部加入，A 连续加入。该反应对 A 为 1 级，反应速率常数 $k = 0.4 \text{ h}^{-1}$，已知 V_0/Q_0=0.25 h，试绘出 c_A/c_{A0}、c_L/c_{A0} 和 X_A 随时间的变化图。

【解】 将已知数据代入 c_A/c_{A0}、c_L/c_{A0} 和 X_A 随时间的变化式(3.4)～式(3.6)，得

$$\frac{c_A}{c_{A0}} = \frac{1-e^{-kt}}{k(t+V_0/Q_0)} = \frac{1-e^{-0.4t}}{0.4(t+0.25)}$$

$$X_A = 1 - \frac{1}{kt}(1-e^{-kt}) = 1 - \frac{1}{0.4t}(1-e^{-0.4t})$$

$$\frac{c_L}{c_{A0}} = \frac{kt-(1-e^{-kt})}{k(t+V_0/Q_0)} = \frac{0.4t-(1-e^{-0.4t})}{0.4(t+0.25)}$$

根据上述各式，可绘制出 $t = 0 \sim 10$ h 范围内 c_A/c_{A0}、c_L/c_{A0} 和 X_A 随时间的变化关系，如图 3.7-A 所示。

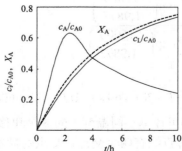

图 3.7-A 半间歇槽式反应器内浓度和转化率与时间的关系

3.8　全混流反应器的体积为 10 m³，用来分解 A 的稀溶液，该反应为一级不可逆反应，反应速率常数 $k = 3.45\ \mathrm{h^{-1}}$，若要分解 90%，可处理多少溶液？

【解】　对全混流反应器，一级反应的体积由式(3.8)计算

$$\frac{V_R}{Q_0} = \frac{X_{Af}}{k(1 - X_{Af})}$$

上式变形得

$$Q_0 = \frac{V_R k(1 - X_{Af})}{X_{Af}} = \frac{10 \times 3.6 \times (1 - 0.9)}{0.9} = 4\ (\mathrm{m^3/h})$$

3.9　某一级不可逆放热液相反应在绝热连续槽式反应器中进行，反应混合物的体积流量为 Q_0=60 cm³/s，其中，反应物 A 的浓度 c_{A0}=3 mol/L，进料及反应器中反应混合物的密度 ρ=1 g/cm³，比热容 C_p=1 cal/(g·℃)，在反应过程中维持不变。反应体积 V_R=18 L，进料中不含产物，反应热 $(-\Delta H_r)$=50000 cal/mol，反应速率 r_A=4.48×10⁶exp(−15000/RT)c_A [mol/(cm³·s)]，若进料温度 t_0 = 25℃，试求操作状态点的温度。

【解】　要求稳定态的反应温度可采用定态图解法。首先由连续槽式反应器的反应体积计算式(3.7)可知

$$\frac{V_R}{Q_0} = \frac{c_{A0} - c_{Af}}{k c_{Af}}$$

所以

$$c_A = \frac{c_{A0}}{1 + k \dfrac{V_R}{Q_0}} \tag{3.9-A}$$

代入式(3.10)，得

$$
\begin{aligned}
q_q &= \frac{V_R(-\Delta H_r)k c_{A0}}{1 + k \dfrac{V_R}{Q_0}} = \frac{18 \times 5 \times 10^4 \times 3 \times 4.48 \times 10^6 \exp\left(-\dfrac{15000}{1.987T}\right)}{1 + \dfrac{18 \times 10^3}{60} \times 4.48 \times 10^6 \exp\left(-\dfrac{15000}{1.987T}\right)} \\[2mm]
&= \frac{1.2096 \times 10^{13} \exp\left(-\dfrac{15000}{1.987T}\right)}{1 + 1.344 \times 10^9 \exp\left(-\dfrac{15000}{1.987T}\right)}
\end{aligned}
\tag{3.9-B}
$$

由式(3.11)得

$$q_r = Q_0 \rho C_p (T - T_0) = 60 \times 1 \times 1(T - T_0) = 60(T - T_0) \tag{3.9-C}$$

由式(3.9-B)和式(3.9-C)可计算不同温度下的放热和移热速率，绘制出如图 3.9-A 所示的 q-T 图。q_q 曲线与 q_r 直线有两个交点，交点的横坐标即为定态点的温度，下交点(稳态点)T_1=300.4 K，上交点(非稳态点)T_2=347.4 K。

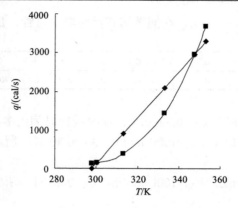

图 3.9-A CSTR 的 q-T 图

3.10 在一等温操作的间歇槽式反应器中进行某一级液相反应，13 min 后反应物转化掉 70%。今若把此反应移至平推流反应器和全混流反应器中进行时，其空时和空速各是多少？

【解】 等温操作、液相反应(可看成是恒容过程)、一级反应：$r_A = kc_{A0}(1-X_A)$。

(1) 间歇反应器。

由间歇反应器的时间计算式(3.2)知

$$t = \frac{1}{k}\ln\frac{1}{1-X_A}$$

将 t = 13 min，X_A=0.7 代入上式得

$$k = \frac{1}{13}\ln\frac{1}{1-0.7} = 0.0926\,(\text{min}^{-1})$$

所以

$$r_A = 0.0926 c_{A0}(1-X_A)$$

(2) 平推流反应器。

因为平推流反应器空时的计算式与间歇反应器的反应时间计算式完全相同，在转化率不变的情况下，其空时 τ_p=13 min，则

$$S_v = \frac{1}{\tau_p} = 0.0769\,(\text{min}^{-1})$$

(3) 全混流反应器。

由全混流反应器停留时间计算式(3.8)知

$$\tau_m = \frac{X_{Af}}{k(1-X_{Af})} = \frac{0.7}{0.0926(1-0.7)} = 25.198\,(\text{min})$$

$$S_v = \frac{1}{\tau_m} = 0.0397\,(\text{min}^{-1})$$

3.11 液相反应 A ——→ L，在间歇槽式反应器中进行，反应速率如下表所示

c_A/(mol/L)	0.1	0.2	0.3	0.4	0.5	0.6	0.7	0.8	1.0	1.3	2.0
r_A/[mol/(L·min)]	0.1	0.3	0.5	0.6	0.5	0.25	0.10	0.06	0.05	0.045	0.042

(1) 若 c_{A0}=1.3 mol/L，c_{Af}=0.3 mol/L，此时反应时间为多少？

(2) 当 c_{A0}=1.5 mol/L，F_{A0}=1000 mol/h，X_A=0.80 时，所需管式反应器的反应体积的大小？

(3) 当 c_{A0}=1.5 mol/L，F_{A0}=1000 mol/h，X_A=0.80 时，所需连续槽式反应器的反应体积的大小？

【解】 由题给数据可求出 $1/r_A$-c_A 的值，其数据如下

c_A/(mol/L)	0.3	0.4	0.5	0.6	0.7	0.8	1	1.3	1.5
r_A/[mol/(L·min)]	0.5	0.6	0.5	0.25	0.1	0.06	0.05	0.045	0.044
$(1/r_A)$/[(L·min)/mol]	2.00	1.67	2.00	4.00	10.00	16.67	20.00	22.22	22.73

(1) 间歇反应器。

间歇反应器的基础设计方程式(3.1)为

$$t = -\int_{c_{A0}}^{c_{Af}} \frac{dc_A}{r_A}$$

用梯形公式

$$t = 0.1\frac{2.0 + 2(1.67 + 2 + 4 + 10) + 16.67}{2} + 0.2\frac{16.67 + 20}{2} + 0.3\frac{20 + 22.22}{2}$$

$$= 12.7(\text{min})$$

(2) 管式反应器。

管式反应器的基础设计方程式(3.12)为

$$\tau_p = -\int_{c_{A0}}^{c_{Af}} \frac{dc_A}{r_A}$$

当 X_A=0.8 时，$c_A = c_{A0}(1-0.8) = 0.3$ mol/L，由(1)已计算出 c_A 在 0.3~1.3 的时间为 12.7 min，则 c_A 在 0.3~1.5 的时间为

$$\tau_p = 12.7 + 0.2 \times \frac{22.22 + 22.73}{2} = 17.95 \,(\text{min})$$

$$V_R = \frac{F_{A0}}{c_{A0}}\tau_p = \frac{1000}{60 \times 1.5} \times 17.95 = 191.056 \,(\text{L})$$

(3) 连续槽式反应器。

连续槽式反应器的基础设计方程式(3.7)为

$$\tau_m = \frac{c_{A0} - c_A}{r_A}$$

当 X_A=0.8 时，c_A=c_{A0}(1−0.8)=0.3 mol/L，对应的反应速率 r_A=0.5 mol/(L·min)，所以

$$\tau = \frac{1.5 - 0.3}{0.5} = 2.4 \, (min)$$

$$V_R = \frac{F_{A0}}{c_{A0}}\tau = \frac{1000}{60 \times 1.5} \times 2.4 = 26.667 \, (L)$$

3.12　气相反应 A ⟶ 3L 在 215℃反应，速率方程为 r_A=10c_A mol/(m³·min)，原料中有 50%的惰性气体。其中 c_{A0}=62.5 mol/m³，求转化率为 80%时，在管式反应器中所需的停留时间。

【解】　气相反应

$$A \longrightarrow 3L$$

膨胀因子

$$\delta_A = (3-1)/1 = 2$$

已知原料中有 50%的惰性气体，则 y_{A0}=1−50%=50%。

膨胀率

$$\varepsilon_A = y_{A0}\delta_A = 50\% \times 2 = 1$$

所以

$$c_A = c_{A0}(1-X_A)/(1+\varepsilon_A X_A) = c_{A0}(1-X_A)/(1+X_A)$$

又已知

$$r_A = 10c_A = 10c_{A0}(1-X_A)/(1+X_A)$$

由等温变容管式反应器中一级反应下的停留时间计算式(3.16)，得

$$\tau_p = -\frac{1}{k}[(1+\varepsilon_A)\ln(1-X_A) + \varepsilon_A X_A]$$
$$= -[(1+1)\ln(1-0.8) + 0.8]/10 = 0.242(s)$$

3.13　在 555 K 及 3 kg/cm² 的平推流反应器中进行气相反应：A ⟶ L，已知进料中含 30%A(摩尔分数)，其余为惰性物料，加料摩尔流量为 6.3 mol/s(A)，速率方程为 r_A=0.27c_A mol/(m³·s)。当转化率为 95%时，(1) 所需的空速为多少？(2) 反应体积为多少？

【解】　(1) 求平推流反应器的空速。

由平推流反应器一级反应停留时间计算式(3.13)知

$$\tau_p = \frac{1}{k}\ln\frac{1}{1-X_{Af}} = \frac{1}{0.27}\ln\frac{1}{1-0.95} = 11.095 \, (s)$$

$$S_\text{v} = \frac{1}{\tau_\text{p}} = 9.013\times10^{-2}\ (\text{s}^{-1})$$

(2) 求平推流反应器的反应体积。

由状态方程

$$Q_0 = F_{A0}RT/p_A = 6.3\times0.08206\times555/(0.3\times3) = 318.803\,(\text{L/s})$$

所以

$$V_R = Q_0\tau_\text{p} = 318.803\times11.095 = 3.537\,(\text{m}^3)$$

3.14 裂解反应 $A \longrightarrow L + M$ 是一级不可逆反应，其速率方程为 $r_A=k_p c_A$ [kmol/(m³·s)]，若反应在 1 atm，273℃时进行，$k_p=7.85\times10^{-4}$ kmol/(m³·atm·s)，试求处理量为 432 m³/d 原料气(操作条件下体积流量)，而 X_A=90%时，所需管式反应器的反应体积。

【解】 依题意知反应为变容均相一级气相反应，则

膨胀因子

$$\delta_A=(1+1-1)/1=1$$

膨胀率

$$\varepsilon_A=y_{A0}\delta_A=1\times1=1$$

由速率常数关系式(1.24)知

$$k_c=k_p(RT)^n=7.85\times10^{-4}\times0.08206\times546=3.517\times10^{-2}(\text{s}^{-1})$$

所以，由等温变容管式反应器中一级反应下的停留时间计算式(3.16)知

$$\tau_\text{p} = -\frac{1}{k}[(1+\varepsilon_A)\ln(1-X_A)+\varepsilon_A X_A]$$

$$= -\frac{1}{3.517\times10^{-2}}[(1+1)\ln(1-0.9)+0.9] = 105.350\,(\text{s})$$

反应器体积

$$V_R=\tau_\text{p}Q_0=105.350\times432/(24\times3600)=0.527(\text{m}^3)$$

3.15 有自催化反应 $A+L \longrightarrow 2L$，进料中含有 99%的 A 和 1%的 L，要求产物组成含 90%的 L 和 10%的 A。已知 $r_A=kc_A c_L$，$k=1$ L/(mol·min)，$c_{A0}+c_{L0}=1$ mol/L，试求管式反应器中达到所要求的产物组成时所需的停留时间。

【解】 因为 $r_A=kc_A c_L=kc_A[c_{L0}+(c_{A0}-c_A)]=kc_A(1-c_A)$，由停留时间计算式(3.12)可知

$$\tau_\text{p} = -\int_{c_{A0}}^{c_{Af}}\frac{\text{d}c_A}{kc_A(1-c_A)} = -\frac{1}{k}\int_{c_{A0}}^{c_{Af}}\left(\frac{1}{c_A}+\frac{1}{1-c_A}\right)\text{d}c_A$$

$$= \frac{1}{k}[\ln(1-c_A)-\ln c_A]_{c_{A0}}^{c_{Af}} = \frac{1}{k}\ln\left[\frac{c_{A0}}{c_{Af}}\frac{(1-c_{Af})}{(1-c_{A0})}\right] = \frac{1}{1}\ln\frac{0.99(1-0.1)}{0.1(1-0.99)} = 6.792\,(\text{min})$$

3.16　反应 A＋B──→L＋M，已知 V_R=1 L，物料进料体积流量为 Q_0=0.5 L/min，$c_{A0}=c_{B0}$=0.05 mol/L，速率方程为 $r_A=kc_Ac_B$，式中 k=100 L/(mol·min)，求：

(1) 反应在管式反应器中进行，出口转化率是多少？

(2) 若用连续槽式反应器得到相同的出口转化率，反应体积多大？

(3) 若连续槽式反应器反应体积 V_R=1 L，可以达到的出口转化率是多少？

【解】反应为二级反应，因为 $c_{A0}=c_{B0}$=0.05 mol/L，则速率方程为 $r_A=kc_{A0}^2(1-X_A)^2$。

(1) 求在管式反应器中的出口转化率。

由式(3.14)知

$$\frac{V_R}{Q_0}=\frac{1}{c_{A0}k}\frac{X_A}{1-X_A}$$

$$\frac{1}{0.5}=\frac{X_A}{100\times0.05(1-X_A)},\quad X_A=90.91\%$$

(2) 求连续槽式反应器的反应体积。

由式(3.9)知

$$\frac{V_R}{Q_0}=\frac{X_A}{kc_{A0}(1-X_A)^2}$$

$$V_R=\frac{0.5\times0.9091}{100\times0.05(1-0.9091)^2}=11.002\ (L)$$

(3) 求体积为 1 L 连续槽式反应器的出口转化率。

由式(3.9)知

$$\frac{1}{0.5}=\frac{X_A}{100\times0.05(1-X_A)^2},\quad X_A=72.98\%$$

3.17　有一液相等温反应，速率方程为 $r_A=kc_A^2$，k=10 m³/(kmol·h)，c_{A0}=0.2 kmol/m³，加料体积流量为 2 m³/h，试比较：(1) V_R 为 2 m³ 的两个串联管式反应器；(2) V_R 为 2 m³ 的两个串联连续槽式反应器的两个方案中，何者转化率大？

【解】　由速率方程知，反应为二级反应，即 $r_A=kc_A^2=kc_{A0}^2(1-X_A)^2$。

方法	(1) 二级反应管式反应器的计算式	(2) 二级反应连续槽式反应器的计算式
法一	$\tau_p=\dfrac{V_R}{Q_0}=\dfrac{1}{c_{A0}k}\dfrac{X_A}{1-X_A}$ 第一个反应器： $\tau_p=\dfrac{2}{2}=1=\dfrac{X_{A1}}{kc_{A0}(1-X_{A1})}$ $X_{A1}=2/3=0.667$	$\tau_m=\dfrac{V_R}{Q_0}=\dfrac{X_A}{kc_{A0}(1-X_A)^2}$ 第一个反应器： $\tau_m=\dfrac{2}{2}=1=\dfrac{X_{A1}}{kc_{A0}(1-X_{A1})^2}$ $2(1-X_{A1})^2=X_{A1}$　　解得 $X_{A1}=0.5$

续表

方法	(1) 二级反应管式反应器的计算式	(2) 二级反应连续槽式反应器的计算式
法一	第二个反应器： $\tau_p = \dfrac{2}{2} = 1 = \dfrac{X_{A2} - X_{A1}}{kc_{A0}(1-X_{A1})(1-X_{A2})}$ $X_{A2}=0.8$	第二个反应器： $\tau_m = \dfrac{2}{2} = 1 = \dfrac{X_{A2} - X_{A1}}{kc_{A0}(1-X_{A2})^2}$ $2(1-X_{A2})^2 = X_{A2}-0.5$ 解得 $X_{A2}=0.691$
法二	$\tau_p = \dfrac{1}{k}\left(\dfrac{1}{c_A} - \dfrac{1}{c_{A0}}\right)$ 第一个反应器： $\dfrac{1}{c_{A1}} = \dfrac{1}{c_{A0}} + k\tau_p$ 第二个反应器： $\dfrac{1}{c_{A2}} = \dfrac{1}{c_{A1}} + k\tau_p = \dfrac{1}{c_{A0}} + 2k\tau_p$ $c_{A2}=0.04\ \text{kmol/m}^3$ $X_{A2}=1-c_{A2}/c_{A0}=0.8$	$\tau_m = \dfrac{c_{A0}-c_A}{kc_A^2} \Rightarrow c_{Ai} = \dfrac{-1+\sqrt{1+4k_i\tau_{mi}c_{Ai-1}}}{2k_i\tau_{mi}}$ 第一个反应器： $c_{A1} = \dfrac{-1+\sqrt{1+4\times10\times1\times0.2}}{2\times10\times1} = \dfrac{2}{20} = 0.1$ 第二个反应器： $c_{A2} = \dfrac{-1+\sqrt{1+4\times10\times1\times0.1}}{2\times10\times1} = \dfrac{-1+\sqrt{5}}{20}$ $c_{A2}=0.0618\ \text{kmol/m}^3$ $X_{A2}=1-c_{A2}/c_{A0}=0.691$

结论：两个串联管式反应器的转化率(0.8)大于两个串联连续槽式反应器的转化率(0.691)。

3.18 已知平行反应为

$$A \begin{cases} \longrightarrow L & r_L = k_1 c_A \quad k_1 = 2\ \text{min}^{-1} \\ \longrightarrow M & r_M = k_2 \quad k_2 = 1\ \text{mol/(L·min)} \\ \longrightarrow N & r_N = k_3 c_A^2 \quad k_3 = 1\ \text{L/(mol·min)} \end{cases}$$

$c_{A0}=2\ \text{mol/L}$，求：

(1) 在连续槽式反应器中所能得到产物 L 的最大收率 $Y_{\max}$；

(2) 采用管式反应器所能得到产物 L 的最大收率 $Y_{\max}$；

(3) 假如反应物加以回收，采用何种反应器型式较为理想？

【解】 反应的瞬时选择性

$$S = \frac{r_L}{r_{A1} + r_{A2} + r_{A3}} = \frac{2c_A}{2c_A + 1 + c_A^2} = \frac{2c_A}{(1+c_A)^2} \tag{3.18-A}$$

(1) 求连续槽式反应器中产物 L 的最大收率。

在 CSTR 中

$$\bar{S} = S = \frac{2c_A}{(1+c_A)^2} \tag{3.18-B}$$

由式(1.4b)知

$$Y = \bar{S}X_A = \frac{2c_A}{(1+c_A)^2}\frac{c_{A0}-c_A}{c_{A0}} \tag{3.18-C}$$

式(3.18-C)对 c_A 求导，令 $dY/dc_A=0$，整理得 $c_{Af}=0.5$ mol/L，再代入式(3.18-C)得

$$Y_{max} = \frac{2\times 0.5}{(1+0.5)^2}\times\frac{2-0.5}{2} = 0.333$$

(2) 求管式反应器中产物 L 的最大收率。

在 PFR 中

$$\bar{S} = \frac{1}{c_{A0}-c_{Af}}\int_{c_{Af}}^{c_{A0}} S dc_A = \frac{1}{c_{A0}-c_{Af}}\int_{c_{Af}}^{c_{A0}}\frac{2c_A}{(1+c_A)^2}dc_A$$

$$= \left[\frac{1}{1+c_A}+\ln(1+c_A)\right]_0^2 = 0.432 \tag{3.18-D}$$

由式(1.4b)得 $Y_{max}=0.432\times 1 = 0.432$。

(3) 反应物回收时采用的反应器型式。

对式(3.18-B)求导，令 $dS/dc_A=0$，得 $c_A=1$ mol/L。

可设计一流程，将未反应的 A 分离，再循环返回反应器，并保持 $c_{A0}=2$ mol/L，此时可选择一个 CSTR，在 $c_A=1$ mol/L 操作，因为此时总选择性有一最大值，$\bar{S}_{max}=0.5$。

3.19　一级连串反应 $A\xrightarrow{k_1}L\xrightarrow{k_2}M$，$r_A=k_1 c_A$，$r_L=k_1 c_A-k_2 c_L$，式中，A 表示 C_6H_6，L 表示 C_2H_5Cl，M 表示 $C_2H_4Cl_2$。已知 $k_1=1$ min^{-1}，$k_2=0.5$ min^{-1}，$c_{A0}=1$ mol/L，$c_{L0}=c_{M0}=0$，求：

(1) 在管式反应器中，$\tau_p=1$ min；(2) 在单个连续槽式反应器中，$\tau_m=1$ min；(3) 在两个串联连续槽式反应器中，$\tau_{m1}=\tau_{m2}=1$ min；(4) 若两个串联连续槽式反应器中，$\tau_{m1}=\tau_{m2}=0.5$ min 的情况下，最终产物中 L 和 M 的分子比各为多少？

【解】　由管式反应器浓度关系式(3.18)和式(3.19)知

$$c_A=c_{A0}\,e^{-k_1 t} \tag{3.19-A}$$

$$c_L = \frac{k_1 c_{A0}}{k_2-k_1}(e^{-k_1 t}-e^{-k_2 t}) \tag{3.19-B}$$

由连续槽式反应器的浓度关系式(3.20)~式(3.22) 知

$$c_A = c_{A0}\frac{1}{1+k_1\tau_m} \tag{3.19-C}$$

$$c_L = c_{A0}\frac{k_1\tau_m}{(1+k_1\tau_m)(1+k_2\tau_m)} \tag{3.19-D}$$

$$c_M = c_{A0}-(c_A+c_L) \tag{3.19-E}$$

(1) 求管式反应器中最终产物 L 和 M 的分子比。

将 $\tau_p=1$ min 代入式(3.19-A)、式(3.19-B)和式(3.19-E)得

$$c_A = 1\times e^{-1} = 0.368\,(mol/L)$$

$$c_L = \frac{1}{1-0.5}(e^{-0.5} - e^{-1}) = 0.477 \, (mol/L)$$

$$c_M = 1 - 0.368 - 0.477 = 0.155 \, (mol/L)$$

分子比

$$\frac{c_L}{c_M} = \frac{0.477}{0.155} = 3.077$$

(2) 求单个连续槽式反应器中最终产物 L 和 M 的分子比。

将 τ_m=1 min 代入式(3.19-C)、式(3.19-D)和式(3.19-E)得

$$c_A = \frac{1}{1+1} = 0.5 \, (mol/L)$$

$$c_L = \frac{1}{(1+1)(1+0.5)} = 0.333 \, (mol/L)$$

$$c_M = 1 - 0.5 - 0.333 = 0.167 \, (mol/L)$$

分子比

$$\frac{c_L}{c_M} = \frac{0.333}{0.167} = 2$$

(3) 求两个串联连续槽式反应器(τ_{m1}=τ_{m2}=1 min)中最终产物 L 和 M 的分子比。

将 τ_{m1}=τ_{m2}=1 min 代入式(3.19-C)和式(3.19-D)得

A 组分

$$c_{A1} = \frac{1}{1+1\times1} = 0.5 \, (mol/L) \, , \quad c_{A2} = \frac{0.5}{1+1\times1} = 0.25 \, (mol/L)$$

L 组分

$$c_{L1} = \frac{1\times1\times1}{(1+1\times1)(1+0.5\times1)} = 0.333 \, (mol/L)$$

第二槽出口：

$$Q_0 c_{L2} - Q_0 c_{L1} = V_R(k_1 c_{A2} - k_2 c_{L2})$$

$$c_{L2} = \frac{c_{L1} + k_1\tau_2 c_{A2}}{(1 + k_2\tau_2)} \tag{3.19-F}$$

将已知条件代入式(3.19-F)得

$$c_{L2} = \frac{0.333 + 1\times1\times0.25}{(1+0.5\times1)} = 0.389 \, (mol/L)$$

将 c_{A2}、c_{L2} 代入式(3.19-E)得

$$c_{M2} = 1 - 0.25 - 0.389 = 0.361 \, (mol/L)$$

分子比

$$\frac{c_{L2}}{c_{M2}} = \frac{0.389}{0.361} = 1.078$$

(4) 求两个串联连续槽式反应器($\tau_{m1}=\tau_{m2}=0.5$ min)中最终产物 L 和 M 的分子比。将 $\tau_1=\tau_2=0.5$ min 代入式(3.19-C)和式(3.19-D)得

A 组分

$$c_{A1} = \frac{1}{1+1\times 0.5} = 0.667\,(\text{mol/L})\,,\quad c_{A2} = \frac{0.667}{1+1\times 0.5} = 0.445\,(\text{mol/L})$$

L 组分

$$c_{L1} = \frac{1\times 0.5\times 1}{(1+1\times 0.5)(1+0.5\times 0.5)} = 0.267\,(\text{mol/L})$$

将 c_{A1}、c_{L1} 代入式(3.19-F)得

$$c_{L2} = \frac{0.267 + 1\times 0.5\times 0.445}{(1+0.5\times 0.5\times 1)} = 0.392\,(\text{mol/L})$$

将 c_{A2}、c_{L2} 代入式(3.19-E)得

$$c_{M2} = 1 - 0.445 - 0.392 = 0.163\,(\text{mol/L})$$

分子比

$$\frac{c_{L2}}{c_{M2}} = \frac{0.392}{0.163} = 2.405$$

比较(1)和(2)的计算结果：管式反应器最终产物 L 和 M 的分子比大于连续槽式反应器的。

比较(3)和(4)的计算结果：两个串联连续槽式反应器停留时间小的最终产物 L 和 M 的分子比大。

3.5　练　习　题

【3.1】　反应 A——→L 在等温间歇反应器中进行，速率方程为 $r_A=0.01c_A^2$ mol/(L·s)。当 c_{A0} 分别为 1 mol/L、5 mol/L、10 mol/L 时，试计算达到99%的转化率时所需的反应时间。比较计算结果。

答案：c_{A0}=1 mol/L、5 mol/L、10 mol/L 时，反应时间 t = 9900 s、9980 s、9990 s。

【3.2】　在间歇反应器中进行等温零级、一级和二级不可逆均相反应，分别计算转化率从80%提高到96%时，转化所需的时间为其前期转化时间的倍数。分析计算结果。

答案：零级、一级和二级不可逆均相反应末期转化时间为前期的 0.2 倍、1 倍和 5 倍。

【3.3】　二级反应 A——→L 在平推流反应器中进行，进料温度为 150℃，活化

能为 83684 J/mol，反应器体积为 V_{Rp}。如改为全混流反应器，其体积为 V_{Rm}，在相同温度下，为达到同样转化率 X_A=0.6，则 V_{Rp}/V_{Rm} 值为多少？若转化率不变，为使 V_{Rp}/V_{Rm}=1，在全混流反应器中反应系统的温度应如何变化？

答案：温度相同时，V_{Rp}/V_{Rm}=0.4；V_{Rp}/V_{Rm}=1 时，温度=167℃。

【3.4】 在一间歇反应器中进行均相反应 A+B ——→ L，反应维持在 75℃等温操作，A 和 B 的初始浓度均为 4 mol/L，反应速率常数 k = 2.78 L/(kmol·s)，A 的转化率 X_A=0.8 时该间歇反应器平均每分钟可处理 0.684 kmol 的反应物 A。

(1) 求在间歇反应器中所需要的反应时间；

(2) 若把反应移到一个管内径为 125 mm 的理想管式反应器中进行，假定温度不变，且处理量与所要求达到的转化率均与间歇反应时相同，求所需要的管式反应器长度；

(3) 若将反应温度提高至 85℃，已知反应的活化能为 21600 cal/mol，其他操作条件均维持不变，求所需要的管式反应器长度；

(4) 若将反应移到一个连续槽式反应器中进行，反应维持在 75℃等温操作，求所需要的反应器体积。

答案：(1) 5.995 min；(2) 83.579 m；(3) 34.894 m；(4) 5.126 m³。

【3.5】 在 PFR 和 CSTR 中进行二级反应，当进料初始浓度从 30%降到 4%时，若要求反应结果的残余浓度维持在 0.1%，进料体积流量应作何调整？分析计算结果。

答案：PFR，流量调整为 1.02 倍；CSTR，流量调整为 7.67 倍。

【3.6】 反应物料以流速 u=0.25 m/s 流过长 5 m 的等温反应器，在反应器内进行二级不可逆反应，即速率方程为 r_A=kc_A^2。初始浓度 c_{A0}=2 mol/L，已测得 k = 0.266 L/(mol·s)，出口转化率 X_A=0.8，试问该反应器的流动情况是否属于理想流动。

答案：PFR，τ_p=7.52 s；CSTR，τ_m=37.59 s；实际反应器，τ = 20 s；不属于理想流动。

【3.7】 在体积为 V_R 的反应器中进行均相等温反应 A ——→ L，速率方程为 r_A=kc_A^2。当该反应器为 CSTR 时，X_{Afm}=50%，试计算下列两种情况下的出口转化率，并分析计算结果。

(1) 若将此反应器改为 PFR；

(2) 若将此反应器体积增大 6 倍(仍为 CSTR)。

答案：(1) X_{Afp}=0.67；(2) $X_{Afm大}$=0.75。

【3.8】 气相反应 A ——→ 3L 在 PFR 中进行，速率方程为 r_A=39.95 c_A^2 mol/(L·s)。反应器进口组分中含 50%A，50%惰性气体物质，c_{A0}=0.125 mol/L，F_{T0}=10 mol/min，为使转化率达 75%，求反应器体积。

答案：57.76 L。

【3.9】 均相气相反应 A ——→ 3L 于 185℃，400 kPa 下在一平推流反应器中进

行，其中 $k=10^{-2}\ \mathrm{s}^{-1}$。进料摩尔流量 $F_{A0}=30\ \mathrm{kmol/h}$，A 原料含 50%惰性气体，为使反应器出口转化率达 80%，试计算该反应器的体积。

答案：38.4 m^3。

【3.10】　乙醛蒸气以 0.1 kg/s 质量流量于 520℃，0.1 MPa(1 atm)下进入管式反应器进行分解反应 $CH_3CHO \longrightarrow CH_4 + CO$。已知反应对于乙醛为二级不可逆反应，$k=4.3\ \mathrm{m}^3/(\mathrm{kmol \cdot s})$。试计算 35%乙醛分解时下列反应器的体积，分析计算结果。

(1) PFR；

(2) CSTR。

答案：(1) 1.75 m^3；(2) 3.38 m^3。

【3.11】　膦的分解反应　$PH_3(g) \longrightarrow 0.25P_4(g)+1.5H_2(g)$ 是一级不可逆反应，在恒容反应器中进行等温反应，原料中只含有 PH_3，压力为 0.10133 MPa。经 500 s 后，压力变为 0.16253 MPa，试计算此时的膨胀因子、膨胀率和转化率。

答案：$\delta_A=0.75$，$\varepsilon_A=0.75$，$X_A=0.805$。

【3.12】　纯组分 A 在 PFR 中进行气相反应 $A \longrightarrow 4L$，速率方程为 $r_A=kc_A$，为使转化率由 1/3 提高到 2/3，反应器体积要增大几倍？

答案：3.85 倍。

【3.13】　丙烷裂解为乙烯的反应：$C_3H_8 \longrightarrow C_2H_4+CH_4$，在 772℃等温下反应，速率方程为 $r_A=kc_A$ kmol/$(\mathrm{m}^3\cdot\mathrm{s})$，$k=0.4\ \mathrm{h}^{-1}$。若系统保持恒压 $p=1\ \mathrm{kg/cm}^2=0.09807\ \mathrm{MPa}$，$Q_0=800$ L/h，当 $X_A=0.5$ 时，试计算所需平推流反应器的体积。

答案：1772.8 L。

【3.14】　纯乙烷进料裂解为乙烯和氢气的反应为一级不可逆反应，反应在 1100 K 等温、600 kPa 恒压下平推流反应器中进行。已知反应器流出的乙烯摩尔流量为 0.175 kmol/s，反应活化能为 347.3 kJ/mol，1100 K 时，反应速率常数 $k = 3.23\ \mathrm{s}^{-1}$，反应气体符合理想气体。为获得 80%的转化率，问：

(1) 需用 50 mm 内径、12 m 长的管子多少根？

(2) 这些管子应以并联还是串联连接？

答案：(1) 112 根；(2) 并联连接。

【3.15】　乙酸乙酯(A)水解反应是其产物乙酸(L)催化下的自催化反应，速率方程为 $r_A=kc_Ac_L$，反应速率常数 $k = 1.106\times10^{-6}\ \mathrm{m}^3/(\mathrm{mol \cdot s})$。已知 $c_{A0}=500\ \mathrm{mol/m}^3$，$c_{L0}=50\ \mathrm{mol/m}^3$，试计算转化率为 80%时的最小接触时间。

答案：反应速率最大值对应的转化率 $X_{AM}=0.45$，$\tau_{m1}=2690$ s，$\tau_{p2}=2473$ s，$\tau_{min}=5163$ s。

【3.16】　有自催化反应 $A+L \longrightarrow L+L$ 在稀溶液中进行，若假定反应维持在 105℃等温下操作，速率方程为 $r_A=kc_Ac_L$，$k=4.0\times10^{-3}\ \mathrm{m}^3/(\mathrm{kmol \cdot s})$，已知溶液中含有 1 kmol/$\mathrm{m}^3$ 的 A，在反应器系统中有 90%的 A 被分解，试计算每小时处理 10 m^3 溶液

时所需反应器的最小体积。

答案：反应速率最大值对应的转化率 $X_{AM}=0.5$，$V_{Rm1}=1.39\ m^3$，$V_{Rp2}=1.53\ m^3$，$V_{Rmin}=2.92\ m^3$。

【3.17】 有一不可逆反应 A ——→ L，在 85℃时反应速率常数为 3.45 h^{-1}，今拟在一个容积为 10 m^3 的槽式反应器中进行，若最终转化率 $X_A=0.95$，该反应器处理的物料量可达 1.82 m^3/h。若改用两个容积相同的串联槽操作，总的反应器体积为多少？若又改用 N 个容积相同的串联槽，当 N 的数量足够大时，试证明所需的反应器总体积趋近于平推流反应器在同样工艺条件下所需的反应器体积。

答案：PFR，$V_{Rp}=1.58\ m^3$；CSTR，$N=2$、100、200 时，$V_{Rm}=3.66\ m^3$、$1.60\ m^3$、$1.592\ m^3$。

【3.18】 以少量硫酸为催化剂，在不同的反应器中进行乙酸和丁醇反应生产乙酸丁酯

$$CH_3COOH + C_4H_9OH \xrightarrow{k} CH_3COOC_4H_9 + H_2O$$

反应在 100℃等温进行，反应速率常数 $k = 17.4$ L/(kmol·min)，其初始浓度 c_{A0} 为 0.00175 kmol/L(下标 A 代表乙酸)，每天生产乙酸丁酯 2400 kg，若乙酸转化率为 50%，试计算下述反应器的体积，并分析计算结果。(1) 间歇反应器，设每批操作的辅助时间为 0.5 h；(2) 平推流反应器；(3) 全混流反应器；(4) 两个串联的等体积全混流反应器。

答案：(1) 539 L，1031 L；(2) 539 L；(3)1078 L；(4) 762 L。

【3.19】 某液相反应速率方程为 $r_A=kc_A^2$，达到 $X_{Af}=0.99$，在间歇反应器中反应时间为 10 min。试计算下述反应器的停留时间 τ_m，并分析计算结果。

(1) 一个全混流反应器；

(2) 两个串联全混流反应器(已知第一个反应器出口转化率为 95%)。

答案：(1) 1000 min；(2) $\tau_{m1}=38.38$ min，$\tau_{m2}=40.40$ min。

【3.20】 某液相反应速率方程为 $r_A=0.38c_A$ kmol/(m^3·min)，若已知进料反应物浓度 $c_{A0}=0.3$ kmol/m^3，摩尔流量 $F_{A0}=6$ mol/min，出口转化率 $X_{Af}=0.7$。试计算下述反应器的体积，并分析计算结果。

(1) 一个平推流反应器；(2) 一个全混流反应器；(3) 两个等体积的全混流反应器串联。

答案：(1) 63.37 L；(2) 122.81 L；(3) 96.82 L。

【3.21】 液相二级不可逆反应 A+B ——→ L，$c_{A0}=c_{B0}$，在实验室间歇反应器中进行实验，当 t = 10 min 时，$X_A=99\%$，在相同温度下为达到同样的转化率，试计算下述反应器的停留时间 τ，并分析计算结果。(1) 一个 PFR；(2) 一个 CSTR；(3) 两个等体积 CSTR 串联(第一个 CSTR 的出口转化率为 95.0754%)。

答案：(1) $\tau_p=10$ min；(2) $\tau_m=1000$ min；(3) $\tau_{m1}=\tau_{m2}=39.64$ min。

【3.22】 在等温恒容下进行不可逆反应，速率方程为 $r_A=kc_A^2$，$k=$

1 m³/(kmol/min)，c_{A0}=1 kmol/m³，反应在组合 PFR 和 CSTR 中进行，且 V_{Rp}=V_{Rm}，τ_p=τ_m=1 min。试计算下图中三种组合方式的最终转化率 X_{Af}，并分析计算结果。

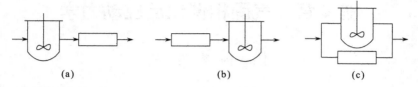

(a)　　　　　　　　　　(b)　　　　　　　　　　(c)

答案：$X_{Af(a)}$=55.3%；$X_{Af(b)}$=63.4%；$X_{Af(c)}$=58.3%。

【3.23】 今有一级反应 A ———→L，现用一个平推流反应器(V_{Rp1}=120 L)和一个全混流反应器(V_{Rm2}=240 L)串联操作，已知 c_{A0}=1 mol/L，温度 T_1 时 k_1=1 h⁻¹，温度 T_2 时 k_2=2 h⁻¹，进料体积流量 Q_0=1 L/min，试计算下列两种操作情况何者为优。

(1) $\xrightarrow{c_{A0}}[V_{Rp1}, T_1]\xrightarrow{c_{A1}}[V_{Rm2}, T_2]\xrightarrow{c_{Af}}$；

(2) $\xrightarrow{c_{A0}}[V_{Rm2}, T_2]\xrightarrow{c_{A1}}[V_{Rp1}, T_1]\xrightarrow{c_{Af}}$。

答案：$X_{Af(1)}$=98.5%；$X_{Af(2)}$=98.5%。

【3.24】 液相反应为

$$A+B \xrightarrow{k_1} L(目的产物) \qquad r_L=k_1 c_A c_B$$
$$2A \xrightarrow{k_2} M \qquad r_M=k_2 c_A^2$$

已知 k_1/k_2=2，c_{A0}=c_{B0}，反应物 A 的转化率 X_A=0.98，试分别计算平推流反应器和全混流反应器中 B 的转化率。

答案：PFR，X_B=61%；CSTR，X_B=86%。

【3.25】 连串一级不可逆反应为 A $\xrightarrow{k_1}$ L $\xrightarrow{k_2}$ M。已知 k_1=0.15 min⁻¹，k_2=0.05 min⁻¹，进料体积流量为 0.5 m³/min，$c_{A0}\neq0$，c_{L0}=c_{M0}=0，求下列条件下产物 L 的收率：

(1) 采用一个体积为 1 m³ 的 CSTR；
(2) 采用二个体积各为 0.5 m³ 的 CSTR 串联；
(3) 采用一个体积为 1 m³ 的 PFR。

答案：(1) c_L/c_{A0}=0.21；(2) c_{L2}/c_{A0}=0.226；(3) c_L/c_{A0}=0.246。

第4章 气固相催化反应动力学

4.1 内 容 框 架

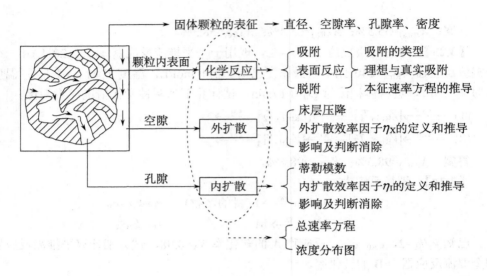

4.2 知 识 要 点

4-1 了解单颗粒相当直径、混合颗粒平均直径、影响床层空隙率 ε_b 的因素、催化剂颗粒的密度及其关系式。

4-2 了解气固催化反应和其表面反应过程的步骤、吸附的类型。

4-3 掌握理想吸附和真实吸附的相同和区别。

4-4 掌握由机理式导出动力学方程式及由动力学方程式导出机理式(推导)。

4-5 掌握计算固定床压降的意义及影响因素。

4-6 掌握外扩散对气固相催化反应的影响、外扩散的判断与消除,并了解固定床与外界介质间的传热阻力。

4-7 掌握蒂勒模数的计算式、物理意义和影响因素。

4-8 掌握内扩散效率因子的计算。

4-9 掌握内扩散对气固相催化反应的影响和内扩散的判断与消除。

4-10 掌握球形催化剂颗粒上浓度分布图的绘制、总的宏观反应速率及各控制步骤时的速率。

4.3 主 要 公 式

等体积相当直径

$$d_{\mathrm{v}} = \sqrt[3]{\frac{6V_{\mathrm{p}}}{\pi}} \qquad (4.1)$$

等外表面积相当直径

$$d_{\mathrm{a}} = \sqrt{S_{\mathrm{p}}/\pi} \qquad (4.2)$$

等比表面积相当直径

$$d_{\mathrm{s}} = \frac{6}{a} = \frac{6V_{\mathrm{p}}}{S_{\mathrm{p}}} \qquad (4.3)$$

形状系数

$$\varphi_{\mathrm{s}} = \left(\frac{d_{\mathrm{v}}}{d_{\mathrm{a}}}\right)^2 = \frac{d_{\mathrm{s}}}{d_{\mathrm{v}}} \qquad (4.4)$$

床层的比表面积

$$S_{\mathrm{e}} = \frac{6(1-\varepsilon_{\mathrm{b}})}{d_{\mathrm{s}}} \qquad (4.5)$$

水力学半径

$$R_{\mathrm{H}} = \frac{\varepsilon_{\mathrm{b}}}{S_{\mathrm{e}}} \qquad (4.6)$$

固定床的当量直径

$$D_{\mathrm{te}} = 4R_{\mathrm{H}} = 4\frac{\varepsilon_{\mathrm{b}}}{S_{\mathrm{e}}} = \frac{2}{3}\left(\frac{\varepsilon_{\mathrm{b}}}{1-\varepsilon_{\mathrm{b}}}\right)d_{\mathrm{s}} \qquad (4.7)$$

催化剂颗粒孔容积

$$V_{\mathrm{g}} = \frac{\varepsilon_{\mathrm{p}}}{\rho_{\mathrm{p}}} \qquad (4.8)$$

密度与孔隙率 ε_{p} 和空隙率 ε_{b} 的关系

$$\rho_{\mathrm{b}} = \rho_{\mathrm{p}}(1-\varepsilon_{\mathrm{b}}) = \rho_{\mathrm{s}}(1-\varepsilon_{\mathrm{p}})(1-\varepsilon_{\mathrm{b}}) \qquad (4.9)$$

平均孔半径

$$\bar{r}_{\mathrm{p}} = 2V_{\mathrm{g}}/S_{\mathrm{g}} \qquad (4.10)$$

覆盖率 θ_i 与空位率 θ_{V} 的关系

$$\theta_{\mathrm{V}} + \sum\theta_i = 1 \qquad (4.11)$$

j 组分吸附的净速率

$$r_j = k_{aj}\, p_j \theta_V - k_{dj} \theta_j \tag{4.12}$$

j 组分脱附的净速率

$$r_j = k_{dj} \theta_j - k_{aj}\, p_j \theta_V \tag{4.13}$$

吸附或脱附的平衡式

$$\theta_j = K_j p_j \theta_V \tag{4.14}$$

多组分理想吸附等温式

$$\theta_V = \frac{1}{1 + \sum K_i p_i^*} \tag{4.15}$$

j 组分解离吸附的净速率

$$r_j = k_{aj}\, p_j \theta_V^2 - k_{dj} \theta_j^2 \tag{4.16}$$

解离吸附平衡式

$$\theta_j = \sqrt{K_j p_j^*}\, \theta_V \tag{4.17}$$

多组分有解离吸附等温式

$$\theta_V = \frac{1}{1 + \sqrt{K_j p_j^*} + \sum K_i p_i^*} \tag{4.18}$$

真实吸附的吸附速率

$$r_{aA} = k_{aA} e^{-\frac{\alpha}{RT} \theta_A} p_A = k_{aA} e^{-g\theta_A} p_A \tag{4.19}$$

真实吸附的脱附速率

$$r_{dA} = k_{dA} e^{\frac{\beta}{RT} \theta_A} = k_{dA} e^{h\theta_A} \tag{4.20}$$

真实吸附的等温式

$$\theta_A = \frac{1}{f} \ln(K_A p_A^*) = \frac{RT}{\alpha + \beta} \ln(K_A p_A^*) \tag{4.21}$$

表面反应速率

$$r_S = k_{1S} \theta_A \theta_B - k_{2S} \theta_L \theta_M \tag{4.22}$$

表面反应平衡常数

$$K_S = \frac{\theta_L \theta_M}{\theta_A \theta_B} \tag{4.23}$$

空管压降修正式

$$\Delta p = f_m \frac{\rho_f u_0^2}{d_s} \left(\frac{1 - \varepsilon_b}{\varepsilon_b^3} \right) L \tag{4.24}$$

修正的摩擦系数

$$f_{\mathrm{m}} = \frac{150}{Re_{\mathrm{m}}} + 1.75 \tag{4.25}$$

修正的雷诺数

$$Re_{\mathrm{m}} = \frac{d_{\mathrm{s}} \rho_{\mathrm{f}} u_0}{\mu} \frac{1}{1-\varepsilon_{\mathrm{b}}} = \frac{d_{\mathrm{s}} G}{\mu} \frac{1}{1-\varepsilon_{\mathrm{b}}} \tag{4.26}$$

考虑壁效应时的颗粒直径

$$\frac{1}{d_{\mathrm{s}}'} = \frac{1}{d_{\mathrm{s}}} + \frac{2}{3(1-\varepsilon_{\mathrm{b}})D_{\mathrm{t}}} \tag{4.27}$$

传热速率方程

$$Q = R_{\mathrm{AW}}(-\Delta H_{\mathrm{r}}) = ha_{\mathrm{m}}(T_{\mathrm{s}} - T_{\mathrm{g}}) \tag{4.28}$$

J 因子方程式

$$J_{\mathrm{D}} = \frac{k_{\mathrm{G}} \rho_{\mathrm{G}}}{G}(Sc)^{2/3} = \frac{0.725}{Re^{0.41} - 0.15} \tag{4.29}$$

$$J_{\mathrm{H}} = \frac{h}{GC_p}(Pr)^{2/3} = \frac{1.10}{Re^{0.41} - 0.15} \tag{4.30}$$

J_{H} 与 J_{D} 的关系

$$J_{\mathrm{D}} = 0.66 J_{\mathrm{H}} \tag{4.31}$$

气流主体和颗粒外表面间的分压差

$$p_{\mathrm{Ag}} - p_{\mathrm{As}} = \frac{p M_{\mathrm{m}} R_{\mathrm{AW}}(Sc)^{2/3}}{a_{\mathrm{m}} J_{\mathrm{D}} G} = \frac{R_{\mathrm{AW}}}{k_{\mathrm{G}} a_{\mathrm{m}}} \tag{4.32}$$

气流主体和颗粒外表面间的温度差

$$T_{\mathrm{s}} - T_{\mathrm{g}} = \frac{(-\Delta H_{\mathrm{r}}) R_{\mathrm{AW}}(Pr)^{2/3}}{C_p a_{\mathrm{m}} J_{\mathrm{H}} G} = \frac{(-\Delta H_{\mathrm{r}}) R_{\mathrm{AW}}}{ha_{\mathrm{m}}} \tag{4.33}$$

外扩散效率因子定义式

$$\eta_{\mathrm{X}} = \frac{R_{\mathrm{AWX}}}{r_{\mathrm{AWg}}} \tag{4.34}$$

n 级反应的丹克莱尔数

$$Da_n = \frac{k_{\mathrm{W}} c_{\mathrm{Ag}}^{n-1}}{k_{\mathrm{G}} a_{\mathrm{m}}} \tag{4.35}$$

平均自由程

$$\lambda = 3.66 \frac{T}{p} \tag{4.36}$$

扩散类型的判断

$$\lambda / 2 \overline{r}_{\mathrm{p}} \leqslant 10^{-2}, \text{ 分子扩散}$$

$$\lambda/2\,\overline{r}_p \geqslant 10，\text{克努森扩散} \tag{4.37}$$

克努森扩散系数

$$D_K = 9\,700\,\overline{r}_p\sqrt{\frac{T}{M}} \tag{4.38}$$

综合扩散系数

$$\frac{1}{D} = \frac{1}{D_{Am}} + \frac{1}{D_K} \tag{4.39}$$

有效扩散系数

$$D_e = \frac{\varepsilon_p}{\tau}D \tag{4.40}$$

内扩散效率因子定义式

$$\eta_I = \frac{R_{AI}}{r_{Ag}} \tag{4.41}$$

薄片催化剂内扩散效率因子

$$\eta_I = \frac{R_{AI}}{r_{Ag}} = \frac{\text{th}(\lambda L)}{\lambda L} = \frac{\text{th}\varphi}{\varphi} \tag{4.42}$$

球形催化剂内扩散效率因子

$$\eta_I = \frac{R_{AI}}{r_{Ag}} = \frac{1}{\varphi}\left[\frac{1}{\text{th}(3\varphi)} - \frac{1}{3\varphi}\right] \tag{4.43}$$

$\varphi > 3$ 时任何形状的催化剂内扩散效率因子

$$\eta_I = 1/\varphi \tag{4.44}$$

一级不可逆反应蒂勒模数

$$\varphi = \lambda L = L\sqrt{k/D_e} \tag{4.45}$$

普遍化蒂勒模数

$$\varphi = \frac{V_p}{S_p}\sqrt{\frac{n+1}{2}\frac{k}{D_e}c_{As}^{n-1}} \tag{4.46}$$

等温一级可逆反应的宏观速率方程

$$R_{AW} = \frac{(c_{Ag}-c_{Ae})}{\dfrac{1}{k_G a_m} + \dfrac{1}{\eta_I k_W}} = \frac{(c_{Ag}-c_{Ae})}{\dfrac{1}{k_G a_m} + \dfrac{1-\eta_I}{\eta_I k_W} + \dfrac{1}{k_W}} \tag{4.47}$$

4.4　习　题　解　答

4.1　求下列颗粒的 d_v、d_a、d_s、φ_s 及床层的 D_{te} 与 S_e。

(1) 直径为 5 mm 的圆球，$\varepsilon_b=0.4$；

(2) 直径为 5 mm，高为 10 mm 的圆柱体，$\varepsilon_b=0.4$。

【解】　(1) 求球形颗粒的相关参数。

对球形颗粒，$d_v=d_a=d_s=5$ mm，$\varphi_s=1$。

由式(4.7)求固定床的当量直径

$$D_{te} = 4R_H = 4\frac{\varepsilon_b}{S_e} = \frac{2}{3}\left(\frac{\varepsilon_b}{1-\varepsilon_b}\right)d_s = \frac{2\times0.4\times5}{3\times0.6} = 2.222\,(\text{mm})$$

由式(4.5)求床层的比表面积

$$S_e = \frac{6(1-\varepsilon_b)}{d_s} = \frac{6\times0.6}{5} = 0.72\,(\text{mm}^{-1})$$

(2) 求圆柱形颗粒的相关参数。

圆柱形颗粒的体积

$$V_p = \frac{\pi}{4}\times5^2\times10 = 62.5\pi\,(\text{mm}^3)$$

圆柱形颗粒的面积

$$S_p = \pi\times5\times10 + \frac{\pi}{4}\times5^2\times2 = 62.5\pi\,(\text{mm}^2)$$

由式(4.1)求等体积相当直径

$$d_v = \sqrt[3]{\frac{6V_p}{\pi}} = \sqrt[3]{\frac{6\times62.5\pi}{\pi}} = 7.211\,(\text{mm})$$

由式(4.2)求等外表面积相当直径

$$d_a = \sqrt{S_p/\pi} = \sqrt{62.5} = 7.906\,(\text{mm})$$

由式(4.3)求等比表面积相当直径

$$d_s = \frac{6V_p}{S_p} = \frac{6\times62.5\pi}{62.5\pi} = 6\,(\text{mm})$$

由式(4.4)求形状系数

$$\varphi_s = \frac{d_s}{d_v} = \frac{6}{7.211} = 0.832$$

由式(4.7)求固定床的当量直径

$$D_{te} = 4R_H = 4\frac{\varepsilon_b}{S_e} = \frac{2}{3}\left(\frac{\varepsilon_b}{1-\varepsilon_b}\right)d_s = \frac{2\times0.4\times6}{3\times0.6} = 2.667\,(\text{mm})$$

由式(4.5)求床层的比表面积

$$S_e = \frac{6(1-\varepsilon_b)}{d_s} = \frac{6\times0.6}{6} = 0.6\,(\text{mm}^{-1})$$

4.2　已知可逆反应 $A+B \rightleftharpoons L+M$ 的反应机理为(I)$A+\sigma_1 \rightleftharpoons A\sigma_1$,(II)$B+\sigma_2 \rightleftharpoons B\sigma_2$, (III)$A\sigma_1+B\sigma_2 \rightleftharpoons L\sigma_1+M\sigma_2$, (IV)$L\sigma_1 \rightleftharpoons L+\sigma_1$, (V)$M\sigma_2 \rightleftharpoons M+\sigma_2$, 试推导其速率方程。

【解】　由机理式可知,吸附在两类活性中心上发生,表面化学反应为控制步骤。该反应的速率式及平衡式列于表 4.2-A。

表 4.2-A　有两类活性中心参加反应时的速率式及平衡式

步骤	速率式	平衡式
I	$r_A = k_{aA}p_A\theta_{V1} - k_{dA}\theta_{A1}$	$\theta_{A1} = K_A p_A \theta_{V1}$
II	$r_B = k_{aB}p_B\theta_{V2} - k_{dB}\theta_{B2}$	$\theta_{B2} = K_B p_B \theta_{V2}$
III	$r_S = k_{1S}\theta_{A1}\theta_{B2} - k_{2S}\theta_{L1}\theta_{M2}$	$K_S = \dfrac{\theta_{L1}\theta_{M2}}{\theta_{A1}\theta_{B2}}$
IV	$r_L = k_{dL}\theta_{L1} - k_{aL}p_L\theta_{V1}$	$\theta_{L1} = K_L p_L \theta_{V1}$
V	$r_M = k_{dM}\theta_{M2} - k_{aM}p_M\theta_{V2}$	

若 σ_1、σ_2 吸附时各不干扰, 则

$$\theta_{A1}+\theta_{L1}+\theta_{V1}=1 \tag{4.2-A}$$

$$\theta_{B2}+\theta_{M2}+\theta_{V2}=1 \tag{4.2-B}$$

此时 $r_M \approx r_{本征}$, I 、II 、III 、IV 可达平衡, $r_A=r_B=r_S=r_L=0$, 将 I 、II 、IV 中的平衡式代入III的平衡式得

$$\theta_{M2} = \frac{K_A K_B}{K_S K_L}\frac{p_A p_B}{p_L}\theta_{V2} = K_M K \frac{p_A p_B}{p_L}\theta_{V2} \tag{4.2-C}$$

式中总平衡常数为

$$K = \frac{K_S K_A K_B}{K_L K_M}$$

将式(4.2-C)及 II 的平衡式代入式(4.2-B)得

$$\theta_{V2} = \frac{1}{1 + K_B p_B + K_M K \dfrac{p_A p_B}{p_L}} \tag{4.2-D}$$

将式(4.2-C)代入 V 的速率式得

$$r_M = k_{dM}K_M K \frac{p_A p_B}{p_L}\theta_{V2} - k_{aM}p_M\theta_{V2} = k_{aM}\left(K\frac{p_A p_B}{p_L} - p_M\right)\theta_{V2}$$

将式(4.2-D)代入上式, 整理得

$$r_{M} = \frac{k_{aM}(K\dfrac{p_A p_B}{p_L} - p_M)}{1 + K_B p_B + K_M K \dfrac{p_A p_B}{p_L}}$$

4.3 已知可逆反应 A＋B $\rightleftharpoons$ L＋M 的反应机理为(Ⅰ)A+2σ $\rightleftharpoons$ 2A$_{1/2}$σ，(Ⅱ)B+σ $\rightleftharpoons$ Bσ，(Ⅲ)2A$_{1/2}$σ+Bσ $\rightleftharpoons$ Lσ+M+2σ，(Ⅳ)Lσ $\rightleftharpoons$ L+σ，试推导其速率方程。

【解】 由机理式可知，组分 A 发生了解离吸附，M 无吸附态，B 的吸附为控制步骤。该反应的速率式及平衡式列于表 4.3-A。

表 4.3-A　反应 A＋B $\rightleftharpoons$ L＋M 的速率式及平衡式

步骤	速率式	平衡式
Ⅰ	$r_A = k_{aA} p_A \theta_V^2 - k_{dA}\theta_A^2$	$\theta_A = \sqrt{K_A p_A}\,\theta_V$
Ⅱ	$r_B = k_{aB} p_B \theta_V - k_{dB}\theta_B$	
Ⅲ	$r_S = k_{1S}\theta_A^2 \theta_B - k_{2S}\theta_L p_M \theta_V^2$	$K_S = \dfrac{\theta_L p_M \theta_V^2}{\theta_A^2 \theta_B}$
Ⅳ	$r_L = k_{dL}\theta_L - k_{aL} p_L \theta_V$	$\theta_L = K_L p_L \theta_V$

由于

$$\theta_A + \theta_B + \theta_L + \theta_V = 1 \qquad (4.3\text{-}A)$$

此时 $r_B \approx r_{本征}$，Ⅰ、Ⅲ、Ⅳ可达平衡，$r_A = r_S = r_L = 0$，将Ⅰ、Ⅳ中的平衡式代入Ⅲ的平衡式得

$$\theta_B = \frac{K_L}{K_A K_S}\frac{p_L p_M}{p_A}\theta_V = \frac{K_B}{K}\frac{p_L p_M}{p_A}\theta_V \qquad (4.3\text{-}B)$$

式中总平衡常数为

$$K = \frac{K_S K_A K_B}{K_L}$$

将式(4.3-B)及Ⅰ、Ⅳ的平衡式代入式(4.3-A)得

$$\theta_V = \frac{1}{1 + \sqrt{K_A p_A} + \dfrac{K_B}{K}\dfrac{p_L p_M}{p_A} + K_L p_L} \qquad (4.3\text{-}C)$$

将式(4.3-B)代入Ⅱ的速率式得

$$r_B = k_{aB}p_B\theta_V - k_{dB}\frac{K_B}{K}\frac{p_Lp_M}{p_A}\theta_V = k_{aB}\left(p_B - \frac{1}{K}\frac{p_Lp_M}{p_A}\right)\theta_V$$

将式(4.3-C)代入上式，整理得

$$r_B = \frac{k_{aB}\left(p_B - \dfrac{1}{K}\dfrac{p_Lp_M}{p_A}\right)}{1+\sqrt{K_Ap_A}+\dfrac{K_B}{K}\dfrac{p_Lp_M}{p_A}+K_Lp_L}$$

4.4 已知可逆反应 A＋B $\rightleftharpoons$ L＋M 的反应机理为(Ⅰ)A+σ $\rightleftharpoons$ Aσ，(Ⅱ)B+σ $\rightleftharpoons$ Bσ，(Ⅲ)Aσ+Bσ $\overset{\triangle}{\rightleftharpoons}$ Lσ+Mσ，(Ⅳ)Lσ $\rightleftharpoons$ L+σ，(Ⅴ)Mσ $\rightleftharpoons$ M+σ，试推导其速率方程。

【解】 将反应的速率式及平衡式列于表 4.4-A。

表 4.4-A　反应 A＋B $\rightleftharpoons$ L＋M 的速率式及平衡式

步骤	速率式	平衡式
Ⅰ	$r_A = k_{aA}p_A\theta_V - k_{dA}\theta_A$	$\theta_A = K_Ap_A\theta_V$
Ⅱ	$r_B = k_{aB}p_B\theta_V - k_{dB}\theta_B$	$\theta_B = K_Bp_B\theta_V$
Ⅲ	$r_S = k_{1S}\theta_A\theta_B - k_{2S}\theta_L\theta_M$	
Ⅳ	$r_L = k_{dL}\theta_L - k_{aL}p_L\theta_V$	$\theta_L = K_Lp_L\theta_V$
Ⅴ	$r_M = k_{dM}\theta_M - k_{aM}p_M\theta_V$	$\theta_M = K_Mp_M\theta_V$

由于

$$\theta_A+\theta_B+\theta_L+\theta_M+\theta_V=1 \tag{4.4-A}$$

此时 $r_S \approx r_{本征}$，Ⅰ、Ⅱ、Ⅳ、Ⅴ可达平衡，$r_A=r_B=r_L=r_M=0$，将Ⅰ、Ⅱ、Ⅳ、Ⅴ中的平衡式代入式(4.4-A)得

$$\theta_V = \frac{1}{1+K_Ap_A+K_Bp_B+K_Lp_L+K_Mp_M} \tag{4.4-B}$$

将Ⅰ、Ⅱ、Ⅳ、Ⅴ中的平衡式代入Ⅲ的速率式得

$$r_S = k_{1S}K_Ap_AK_Bp_B\theta_V^2 - k_{2S}K_Lp_LK_Mp_M\theta_V^2$$

将式(4.4-B)代入上式，整理得

$$r_S = \frac{k_{1S}K_AK_Bp_Ap_B - k_{2S}K_LK_Mp_Lp_M}{(1+K_Ap_A+K_Bp_B+K_Lp_L+K_Mp_M)^2}$$

4.5 在氧化钽催化剂上进行乙醇氧化反应：

$$C_2H_5OH + 0.5O_2 \longrightarrow CH_3CHO + H_2O$$
$$\quad\;\; (A) \qquad\quad (B) \qquad\qquad\quad (L) \qquad\;\; (M)$$

乙醇和氧分别在两类活性中心 σ_1 和 σ_2 上解离吸附，即

$$C_2H_5OH + 2\sigma_1 \rightleftharpoons C_2H_5O\sigma_1 + H\sigma_1$$

$$O_2 + 2\sigma_2 \rightleftharpoons 2O\sigma_2$$

$$C_2H_5O\sigma_1 + 2O\sigma_2 \overset{A}{\longrightarrow} C_2H_4O + OH\sigma_2 + \sigma_1 + \sigma_2$$

$$OH\sigma_2 + H\sigma_1 \rightleftharpoons H_2O\sigma_2 + \sigma_1$$

$$H_2O\sigma_2 \rightleftharpoons H_2O + \sigma_2$$

试推导该反应的速率方程。

【解】　从机理式知，催化剂上有两类不同的活性中心，吸附时两类活性中心互不干扰，而非控制步可达到平衡，令 C_2H_5O 为 A，O_2 为 B，H 为 C，OH 为 D，C_2H_4O 为 L，H_2O 为 M，该反应的机理式、速率式及平衡式列于表 4.5-A。

表 4.5-A　乙醇氧化反应的机理式、速率式、平衡式

步骤	机理式	速率式	平衡式
I	$A+2\sigma_1 \rightleftharpoons A\sigma_1+C\sigma_1$	$r_1 = k_{aA}p_A\theta_{V1}^2 - k_{dA}\theta_{A1}\theta_{C1}$	$\theta_{A1}\theta_{C1} = K_A p_A \theta_{V1}^2$
II	$B+2\sigma_2 \rightleftharpoons 2B_{1/2}\sigma_2$	$r_2 = k_{aB}p_B\theta_{V2}^2 - k_{dB}\theta_{E2}^2$	$\theta_{E2} = \sqrt{K_B p_B}\,\theta_{V2}$
III	$A\sigma_1 + 2B_{1/2}\sigma_2 \overset{A}{\longrightarrow} L+D\sigma_2+\sigma_1+\sigma_2$	$r_3 = k_3\theta_{A1}\theta_{B2}^2$	
IV	$D\sigma_2+C\sigma_1 \rightleftharpoons M\sigma_2+\sigma_1$ 分解为:		
IVa	$C\sigma_1 \rightleftharpoons C+\sigma_1$	$r_{41} = k_{dC}\theta_{C1} - k_{aC}p_C\theta_{V1}$	$\theta_{C1} = K_C p_C \theta_{V1}$
IVb	$D\sigma_2+C \rightleftharpoons M\sigma_2$	$r_{42} = k_4 p_C\theta_{D2} - k_4'\theta_{M2}$	$K_4 p_C \theta_{D2} = \theta_{M2}$
V	$M\sigma_2 \rightleftharpoons M+\sigma_2$	$r_5 = k_{dM}\theta_{M2} - k_{aM}p_M\theta_{V2}$	$\theta_{M2} = K_M p_M \theta_{V2}$

由于

$$\theta_{A1} + \theta_{C1} + \theta_{V1} = 1 \tag{4.5-A}$$

$$\theta_{B2} + \theta_{D2} + \theta_{M2} + \theta_{V2} = 1 \tag{4.5-B}$$

将 IVa 的平衡式代入 I 的平衡式得

$$\theta_{A1} = \frac{K_A p_A}{K_C p_C}\theta_{V1} \tag{4.5-C}$$

将 V 的平衡式代入 IVb 的平衡式得

$$\theta_{D2} = \frac{K_M p_M}{K_4 p_C}\theta_{V2} \tag{4.5-D}$$

将 IVa 的平衡式和式(4.5-C)代入式(4.5-A)得

$$\theta_{V1} = \frac{1}{1 + K_C p_C + K_A p_A / (K_C p_C)} \tag{4.5-E}$$

将 II、V 的平衡式和式(4.5-D)代入式(4.5-B)得

$$\theta_{V2} = \frac{1}{1 + \sqrt{K_B p_B} + K_M p_M / (K_4 p_C) + K_M p_M} \tag{4.5-F}$$

将 II 的平衡式和式(4.5-C)代入 III 的速率式得

$$r_3 = k_3 \frac{K_A p_A}{K_C p_C} \theta_{V1} K_B p_B \theta_{V2}^2$$

将式(4.5-E)和式(4.5-F)代入上式得

$$r_3 = \frac{k_3 \dfrac{K_A K_B}{K_C} \dfrac{p_A p_B}{p_C}}{[1 + K_C p_C + K_A p_A / (K_C p_C)][1 + \sqrt{K_B p_B} + K_M p_M / (K_4 p_C) + K_M p_M]^2}$$

4.6 合成甲醇反应为 $CO + 2H_2 \rightleftharpoons CH_3OH$，其反应机理为

$$H_2 + \sigma \xrightarrow{A} H_2\sigma$$

$$2H_2\sigma + CO \rightleftharpoons CH_3OH + 2\sigma$$

试推导不均匀吸附表面动力学方程。

【解】 令 H_2 为 A，CO 为 B，CH_3OH 为 L，则机理式改写为

$$A + \sigma \xrightarrow{A} A\sigma$$

$$2A\sigma + B \rightleftharpoons L + 2\sigma$$

因为 A 的吸附是控制步骤且吸附不可逆，故按式(4.19)可写出其动力学方程式

$$r_{aA} = k_{aA} e^{-\frac{\alpha}{RT}\theta_A} p_A \tag{4.6-A}$$

根据真实吸附等温式(4.21)有

$$\theta_A = \frac{RT}{\alpha + \beta} \ln(K_A p_A^*) \tag{4.6-B}$$

由于第二步表面化学反应是非控制步骤，达到了化学平衡，即吸附态的氢、CO 与甲醇之间达到化学平衡，即

$$K_p = \frac{p_L}{(p_A^*)^2 p_B} \qquad \text{或} \qquad p_A^* = \sqrt{\frac{p_L}{K_p p_B}} \tag{4.6-C}$$

将式(4.6-B)和式(4.6-C)代入式(4.6-A)，得

$$r_A = k_{aA} p_A e^{-\frac{\alpha}{RT} \cdot \frac{RT}{\alpha+\beta} \ln\left(K_A \sqrt{\frac{p_L}{K_p p_B}}\right)}$$

$$= k_{aA} p_A \left(K_A \sqrt{\frac{p_L}{K_p p_B}}\right)^{-\frac{\alpha}{\alpha+\beta}}$$

令 $\dfrac{\alpha}{\alpha+\beta} = 2\gamma$，$k = k_{aA}\left(\dfrac{K_A}{\sqrt{K_p}}\right)^{-2\gamma}$，则上式变为

$$r_A = k p_A \left(\frac{p_B}{p_L}\right)^{\gamma}$$

4.7 乙炔与氯化氢在 $HgCl_2$-活性炭催化剂上合成氯乙烯的反应：

$$C_2H_2(A) + HCl(B) \rightleftharpoons C_2H_3Cl(C)$$

其速率方程可能有如下几种形式：

(1) $r = k\dfrac{(p_A p_B - p_C/K)}{(1 + K_A p_A + K_B p_B + K_C p_C)^2}$　　(2) $r = k\dfrac{K_A K_B p_A p_B}{(1 + K_A p_A + K_C p_C)(1 + K_B p_B)}$

(3) $r = k\dfrac{K_B p_A p_B}{1 + K_B p_B + K_C p_C}$　　(4) $r = k\dfrac{K_A K_B p_A p_B}{(1 + K_A p_A + K_B p_B)^2}$

试说明代表的反应机理及控制步骤。

【解】 由四个速率方程的吸附项可知，过程均为表面反应过程控制。

(1) 由分子项可知，反应可逆；由吸附项可知，A、B、C 均有吸附态，而指数 $n=2$，说明为双活性点控制反应。因此反应机理及控制步骤为

$$A + \sigma \rightleftharpoons A\sigma;\ B + \sigma \rightleftharpoons B\sigma;\ A\sigma + B\sigma \rightleftharpoons C\sigma + \sigma;\ C\sigma \rightleftharpoons C + \sigma$$

(2) 由分子项可知，反应不可逆；由吸附项可知，A、B、C 均有吸附态，因吸附项为两项的乘积，说明有两类活性中心，且 A、C 为同一类活性中心。因此反应机理及控制步骤为

$$A + \sigma_1 \rightleftharpoons A\sigma_1;\ B + \sigma_2 \rightleftharpoons B\sigma_2;\ A\sigma_1 + B\sigma_2 \longrightarrow C\sigma_1 + \sigma_2;\ C\sigma_1 \rightleftharpoons C + \sigma_1$$

(3) 由分子项可知，反应不可逆；由吸附项可知，B、C 有吸附态，A 未被吸附，指数 $n=1$，说明为单活性点控制反应。因此反应机理及控制步骤为

$$B + \sigma \rightleftharpoons B\sigma;\ A + B\sigma \longrightarrow C\sigma;\ C\sigma \rightleftharpoons C + \sigma$$

(4) 由分子项可知，反应不可逆；由吸附项可知，A、B 有吸附态，C 无吸附态，指数 $n=2$，说明为双活性点控制反应。因此反应机理及控制步骤为

$$A + \sigma \rightleftharpoons A\sigma;\ B + \sigma \rightleftharpoons B\sigma;\ A\sigma + B\sigma \longrightarrow C + 2\sigma$$

4.8 在一个管式苯气固相催化加氢反应器中，共有 $\phi 40\ mm \times 3\ mm$ 的反应管 230 根，管长 6 m。各管中均匀充填有 $\phi 8\ mm \times 8\ mm$ 的圆柱状 Ni-Al_2O_3 催化剂，总装填

量为 800 kg，催化剂的堆密度为 1.06 g/cm^3，床层空隙率 ε_b=0.35，进口气体的组成及流量如下表。管外用水冷却，催化剂平均温度为 140℃，此时混合气体的黏度为 0.0483 kg/(m·h)，反应后气体的转化率为 99%，反应器入口压力为 1 atm(表压)。试计算气体通过床层的压降。

组分	C$_6$H$_6$	H$_2$	C$_6$H$_{12}$	N$_2$
流量/(kg/h)	320	51.8	10.9	106

【解】 反应过程中气体组成随床高而变，但由于氢气大量过剩，可以采用平均组成来计算压降，转化率为 50%时反应组分的流量如下

C$_6$H$_6$ 摩尔流量

$$F_{C_6H_6} = \frac{320}{78} \times 50\% = 2.051(\text{kmol/h})$$

C$_2$H$_{12}$ 摩尔流量

$$F_{C_6H_{12}} = \frac{10.9}{84} + 2.051 = 2.181(\text{kmol/h})$$

H$_2$ 摩尔流量

$$F_{H_2} = \frac{51.8}{2} - 3 \times 2.051 = 19.747(\text{kmol/h})$$

N$_2$ 摩尔流量在反应过程中不变

$$F_{N_2} = \frac{106}{28} = 3.786(\text{kmol/h})$$

故总摩尔流量

$$2.051+2.181+19.747+3.786=27.765(\text{kmol/h})$$

此时反应气体的平均摩尔分数为

$$y_{C_6H_6} = \frac{2.051}{27.765} \times 100\% = 7.387\% \qquad y_{C_6H_{12}} = \frac{2.181}{27.765} \times 100\% = 7.855\%$$

$$y_{H_2} = \frac{19.747}{27.765} \times 100\% = 71.122\% \qquad y_{N_2} = \frac{3.786}{27.765} \times 100\% = 13.636\%$$

由于反应过程中气体的质量流量不变，即

$$W=320+51.8+10.9+106=488.7(\text{kg/h})$$

因此混合气体的密度为

$$\rho_f = \frac{488.7 \times 2 \times 273}{27.765 \times 22.4 \times 273 + 140} = 1.570(\text{kg/m}^3)$$

而单位截面积上的质量流量为

$$G = \frac{488.7/3600}{230 \times \pi \times (34/2)^2 \times 10^{-6}} = 0.650 \,[\text{kg} / (\text{m}^2 \cdot \text{s})]$$

故催化床内混合气体的流量为

$$u_0 = \frac{G}{\rho_f} = \frac{0.650}{1.570} = 0.414 \,(\text{m/s}) = 1490.446 \,(\text{m/h})$$

催化剂颗粒的等比外表面积相当直径为

$$d_s = \frac{6V_p}{S_p} = \frac{6 \times (\pi/4) \times 8^2 \times 8}{\pi \times 8 \times 8 + 2 \times (\pi/4) \times 8^2} = 8 \,(\text{mm})$$

因为 $\dfrac{D_t}{d_s} = \dfrac{34}{8} = 4.25 < 8$ ，所以需考虑壁效应对压降的影响，由式(4.27)求 d_s'

$$\frac{1}{d_s'} = \frac{1}{d_s} + \frac{2}{3(1 - \varepsilon_b) D_t}, \ d_s' = 6.445 \,\text{mm}$$

由式(4.26)求修正雷诺数

$$Re_m = \frac{6.445 \times 10^{-3} \times 1490.446 \times 1.570}{0.0483(1 - 0.35)} = 480.373 < 1000$$

由式(4.25)求修正摩擦系数

$$f_m = \frac{150}{Re_m} + 1.75 = \frac{150}{480.373} + 1.75 = 2.062$$

而催化床高度

$$L = \frac{V_R}{A} = \frac{800/1060}{230 \times \pi \times (34/2)^2 \times 10^{-6}} = 3.614 \,(\text{m})$$

由式(4.24)求压降

$$\Delta p = 2.062 \times \frac{1.570 \times 0.414^2}{6.445 \times 10^{-3}} \times \frac{1 - 0.35}{0.35^3} \times 3.614$$
$$= 4.717 \times 10^3 \,[\text{kg} / (\text{m} \cdot \text{s}^2)] = 480.983 \,(\text{kg/m}^2)$$

4.9 假设萘的催化氧化可用下列不可逆平行反应近似表示：

$$C_{10}H_8 \xrightarrow{k_1} C_8H_4O \,(\text{目的产物苯二甲酸酐})$$
$$C_{10}H_8 \xrightarrow{k_2} 10CO_2 + 4H_2O$$

设 $E_1 = 27.9 \,\text{kcal/mol}$，$E_2 = 40 \,\text{kcal/mol}$，$\Delta H_1 = -900 \,\text{kcal/mol}$，$\Delta H_2 = -1139 \,\text{kcal/mol}$。在固定床反应器中的某一位置，催化剂颗粒与气相间的温差为 15 K，气相主体温度为 620 K。如果忽略气固间的传热阻力的影响，计算这将对苯二甲酸酐的选择性产生多大误差。

【解】 因为化合物的热分解可视为一级不可逆反应，所以平行反应的速率方程为

$$R_1 = k_{01}e^{-E_1/RT} c_A = k_1 c_A \qquad R_2 = k_{02}e^{-E_2/RT} c_A = k_2 c_A$$

按选择性的定义

$$S = \frac{R_1}{R_1 + R_2} = \frac{1}{1 + k_2/k_1}$$

又因为反应发生在催化剂表面上，即

$$\left(\frac{R_2}{R_1}\right)_{T_s} = \left(\frac{k_2}{k_1}\right)_{T_s}$$

而由 $(R_1)_{T_s}(-\Delta H_{r1}) = ha_m(T_s - T_g)$ 及 $(R_2)_{T_s}(-\Delta H_{r2}) = ha_m(T_s - T_g)$ 可知

$$\left(\frac{R_2}{R_1}\right)_{T_s} = \frac{(-\Delta H_{r1})}{(-\Delta H_{r2})} = \frac{900}{1139} = 0.79$$

即

$$S_{T_s} = \frac{1}{1 + 0.79} = 0.559$$

又由

$$\left(\frac{k_2}{k_1}\right)_{T_s} = \frac{k_{02} e^{-E_2/RT}}{k_{01} e^{-E_1/RT}} = \frac{k_{02}}{k_{01}} e^{\frac{E_1 - E_2}{RT}}$$

解得

$$\frac{k_{02}}{k_{01}} = 0.79 e^{\frac{E_2 - E_1}{RT}} = 0.79 e^{\frac{40000 - 27900}{1.987 \times 635}} = 11546.886$$

所以

$$\left(\frac{k_2}{k_1}\right)_{T_g} = \frac{k_{02}}{k_{01}} e^{\frac{E_1 - E_2}{RT}} = 11546.886 e^{\frac{27900 - 40000}{1.987 \times 620}} = 0.626$$

故

$$S_{T_g} = \frac{1}{1 + 0.626} = 0.615$$

即

$$\frac{S_{T_s}}{S_{T_g}} = \frac{0.559}{0.615} \times 100\% = 90.89\%$$

可见按 T_g 计算的选择性偏高 9.11%。

4.10 在 360℃、1 atm 和过量氮气存在下，于沸石颗粒固定床内进行异丙苯裂解为苯和丙烯的反应。反应器内异丙苯分压为 0.07 atm。宏观反应速率 R_A= 0.15 kmol/(kg$_{cat}$·h)，黏度 μ=0.096 kg/(m·h)，密度 ρ_g=0.68 kg/m^3，气体混合物的平均相对分子质量 M_m=34.4，导热系数 λ_g=0.041 kcal/(m·h·℃)，C_p=0.33 kcal/(kg·℃)，单位面积质量流量 G=56.5 kg/(m^2·h)，Re=0.052，Pr=0.85。异丙苯的二元平均有效扩散系数 D_{Am}=0.094 m^2/h。单位质量催化剂外表面积 a_m=45 m^2/kg$_{cat}$。反应热

$(-\Delta H_r)=-42000$ kcal/kmol。说明在上述条件下是否可忽略颗粒外气膜上的压差和温差。

【解】　由流体与颗粒间的传热速率方程式(4.28)可知

$$R_A(-\Delta H_r)=ha_m(T_s-T_g)= ha_m\Delta T \tag{4.10-A}$$

由式(4.29)求传质 J 因子

$$J_D = \frac{0.725}{Re^{0.41}-0.15} = \frac{0.725}{0.052^{0.41}-0.15} = 4.914$$

由式(4.31)求传热 J 因子

$$J_H = \frac{4.914}{0.66} = 7.445$$

由式(4.30)求传热系数 h

$$J_H = \frac{h}{GC_P}Pr^{2/3}$$

$$h = \frac{7.445\times 56.5\times 0.33}{0.85^{\frac{2}{3}}} = 154.697[cal / (m^2\cdot h\cdot ℃)]$$

代入式(4.10-A)得

$$T_s - T_g = \frac{0.15\times(-42000)}{154.697\times 45} = -0.905\,(℃)$$

因为 $t_g = 360℃$，所以 $t_s = 359.095℃$。由此可见，可以忽略温差对反应的影响。又因为

$$Sc^{\frac{2}{3}} = \left(\frac{\mu}{\rho D}\right)^{\frac{2}{3}} = \left(\frac{0.096}{0.68\times 0.094}\right)^{\frac{2}{3}} = 1.311$$

由式(4.32)求压差

$$p_{Ag} - p_{As} = \frac{pM_m R_{AW}Sc^{2/3}}{a_m J_D G} = \frac{RTR_A Sc^{2/3}\rho}{a_m J_D G}$$

$$= \frac{0.08206\times 633\times 0.15\times 1.311\times 0.68}{45\times 56.5\times 4.914}$$

$$= 5.56\times 10^{-4}\,(atm)$$

由题知 $p_{Ag} = 0.7$ atm，所以 $p_{As} = 0.699$ atm。由此可见，可以忽略压差对反应的影响。

必须指出，温差对反应速率的影响能否忽略还与反应的活化能有关，活化能小时 (24 kcal/mol)，温差造成速率常数偏差极小(2.75%)，但当活化能大时 (240 kcal/mol)，则温差造成速率常数偏差较大(31.3%)。因此能否忽略温差仅看温差结构的大小还不够，还应进一步考查活化能的大小才能最后判断，不过温差较

小时(小于 1℃)，实际上气相主体与颗粒外表面上的温差也难以测出来，所以一般也按相等处理。

4.11　设气流主体与颗粒外表面间不存在温度差，试推导负一级不可逆反应的外扩散效率因子计算式。

【解】　外扩散有影响时颗粒外表面处的反应速率为 $R_{AWX}=k_W c_{As}^{-1}$，而外扩散无影响时，由于 $c_{Ag}\approx c_{As}$，颗粒外表面处的速率即为本征动力学速率，即 $r_{AWg}=k_W c_{Ag}^{-1}$。

由式(4.34)有

$$\eta_X = \frac{R_{AWX}}{r_{AWg}} = \frac{k_W c_{As}^{-1}}{k_W c_{Ag}^{-1}}$$

$$\eta_X = c_{Ag}/c_{As} \tag{4.11-A}$$

由于在稳定状态下，从气流主体扩散到颗粒外表面上的量应等于外表面上的反应量，即

$$k_G a_m (c_{Ag} - c_{As}) = k_W c_{As}^{-1} \tag{4.11-B}$$

由式(4.35)有

$$Da_{-1} = \frac{k_W c_{Ag}^{-2}}{k_G a_m}$$

代入式(4.11-B)整理得

$$c_{As}^2 - c_{Ag} c_{As} + Da_{-1} c_{Ag}^2 = 0$$

解得

$$c_{As} = \frac{1 + \sqrt{1 - 4Da_{-1}}}{2} c_{Ag}$$

代入式(4.11-A)得

$$\eta_X = \frac{2}{1 + \sqrt{1 - 4Da_{-1}}}$$

4.12　一种 Al_2O_3 的固相密度为 3.9 g/cm^3，颗粒密度为 1.9 g/cm^3，比表面积为 150 m^2/g，计算 Al_2O_3 的孔隙率、孔容积和平均孔半径。若 CH_4 和 H_2 在颗粒中进行逆向扩散，CH_4 的摩尔分数为 0.25，试估算 1 atm、600℃时 CH_4 的有效扩散系数。该催化剂的曲节因子为 3.5。

【解】　(1) 求孔隙率、孔容积和平均孔半径。

由式(4.9)求孔隙率

$$\rho_p=\rho_s(1-\varepsilon_p), \quad \varepsilon_p=1-\rho_p/\rho_s=1-1.9/3.9=0.513$$

由式(4.8)求孔容积

$$V_g = \frac{\varepsilon_p}{\rho_p} = \frac{0.513}{1.9} = 0.27 \ (cm^3/g)$$

由式(4.10)求平均孔半径

$$\bar{r}_p = 2V_g / S_g = 2 \times 0.27 / (150 \times 10^4) = 3.6 \times 10^{-7} \,(\text{cm}) = 36 \,(\text{Å})$$

(2) 估算 CH_4 的有效扩散系数。

由式(4.36)求平均自由程

$$\lambda = 3.66 \frac{T}{p} = 3.66 \frac{873}{1} = 3195.18 \,(\text{Å})$$

由式(4.37)判断扩散类型 $\lambda / 2\bar{r}_p = 3195.18 / (2 \times 36) = 44.378 > 10$，所以扩散以克努森扩散为主。

由式(4.38)求克努森扩散系数

$$D_K = 9\,700 \bar{r}_p \sqrt{\frac{T}{M}} = 9700 \times 3.6 \times 10^{-7} \times \sqrt{\frac{873}{16}} = 2.579 \times 10^{-2} \,(\text{cm}^2/\text{s})$$

所以

$$D \approx D_K = 2.579 \times 10^{-2} \,(\text{cm}^2/\text{s})$$

由式(4.40)求有效扩散系数

$$D_e = \frac{\varepsilon_p}{\tau} D = \frac{0.513}{3.5} \times 2.579 \times 10^{-2} = 3.78 \times 10^{-3} \,(\text{cm}^2/\text{s})$$

4.13　试推导在球形催化剂上进行等温一级不可逆反应时，内扩散效率因子的计算式

$$\eta_I = \frac{1}{\varphi} \left[\frac{1}{\text{th}(3\varphi)} - \frac{1}{3\varphi} \right]$$

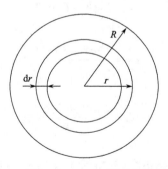

图 4.13-A　球形催化剂

【解】　图 4.13-A 为球形催化剂示意图。在球内取一半径为 r，厚度为 dr 的微元壳体，该壳体与球同心。在半径为 r 的球面处，单位时间内

扩散进入微元体的 A 量−扩散离开微元体的 A 量=微元体内反应的 A 量

即

$$4\pi r^2 D_e\left(\frac{\mathrm{d}c_A}{\mathrm{d}r}\right)_r - 4\pi(r-\mathrm{d}r)^2 D_e\left(\frac{\mathrm{d}c_A}{\mathrm{d}r}\right)_{r-\mathrm{d}r} = (4\pi r^2\mathrm{d}r)kc_A \tag{4.13-A}$$

因为

$$\left(\frac{\mathrm{d}c_A}{\mathrm{d}r}\right)_{r-\mathrm{d}r} = \left(\frac{\mathrm{d}c_A}{\mathrm{d}r}\right)_r - \left(\frac{\mathrm{d}c_A^2}{\mathrm{d}r^2}\right)_r \mathrm{d}r$$

代入式(4.13-A)，并略去$(\mathrm{d}r)^2$项，整理得

$$\frac{\mathrm{d}c_A^2}{\mathrm{d}r^2} + \frac{2}{r}\frac{\mathrm{d}c_A}{\mathrm{d}r} = \frac{k}{D_e}c_A \tag{4.13-B}$$

令

$$\lambda^2 = (\varphi/L)^2 = k/D_e, \quad \lambda L = \varphi \tag{4.13-C}$$

代入式(4.13-B)得

$$\frac{\mathrm{d}c_A^2}{\mathrm{d}r^2} + \frac{2}{r}\frac{\mathrm{d}c_A}{\mathrm{d}r} = \lambda^2 c_A \tag{4.13-D}$$

在催化剂外表面上组分 A 的浓度为c_{As}，球心处不存在浓度梯度，故式(4.13-D)的边界条件为

当$r=R$时，$c_A=c_{As}$；当$r=0$时，$\mathrm{d}c_A/\mathrm{d}r=0$

令$u=c_A r$，代入式(4.13-D)即变为二阶线性常系数微分方程

$$\frac{\mathrm{d}^2 u}{\mathrm{d}r^2} = \lambda^2 u \tag{4.13-E}$$

通解为

$$u = C_1\mathrm{e}^{\lambda r} + C_2\mathrm{e}^{-\lambda r}$$

即

$$c_A = \frac{C_1\mathrm{e}^{\lambda r} + C_2\mathrm{e}^{-\lambda r}}{r}$$

当$r=R$时

$$c_{As} = \frac{C_1\mathrm{e}^{\lambda R} + C_2\mathrm{e}^{-\lambda R}}{R}$$

当$r=0$时

$$\frac{\mathrm{d}c_A}{\mathrm{d}r} = \frac{r(\lambda C_1\mathrm{e}^{\lambda r} - \lambda C_2\mathrm{e}^{-\lambda r}) + (C_1\mathrm{e}^{\lambda r} + C_2\mathrm{e}^{-\lambda r})}{r^2} = 0$$

故

$$C_1 = -C_2 = \frac{c_{As}R}{\mathrm{e}^{\lambda R} - \mathrm{e}^{-\lambda R}}$$

所以方程的特解为

$$\frac{c_A}{c_{As}} = \frac{R\mathrm{Sh}(\lambda r)}{r\mathrm{Sh}(\lambda R)} \tag{4.13-F}$$

将式(4.13-F)对 r 求导，得浓度梯度

$$\frac{dc_A}{dr} = \frac{Rc_{As}}{Sh(\lambda R)} \frac{r\lambda Ch(\lambda r) - Sh(\lambda r)}{r^2} \tag{4.13-G}$$

把 $r=R$ 代入上式，并根据 $th(\lambda R)=Sh(\lambda R)/Ch(\lambda R)$ 的关系化简，可得催化剂颗粒外表面处的浓度梯度

$$\left(\frac{dc_A}{dr}\right)_{r=R} = \lambda c_{As}\left[\frac{1}{th(\lambda R)} - \frac{1}{\lambda R}\right] \tag{4.13-H}$$

所以，组分 A 的扩散速率即存在内扩散影响时的反应速率

$$4\pi R^2 D_e\left(\frac{dc_A}{dr}\right)_{r=R} = 4\pi R^2 D_e \lambda c_{As}\left[\frac{1}{th(\lambda R)} - \frac{1}{\lambda R}\right] \tag{4.13-I}$$

若内外扩散均无影响，则 $c_A=c_{As}=c_{Ag}$，$\eta_X=1$，本征反应速率为

$$r_{Ag} = \frac{4}{3}\pi R^3 k c_{As}$$

所以，由内扩散效率因子 η_I 的定义式(4.41)得

$$\eta_I = \frac{R_{AI}}{r_{Ag}} = \frac{3}{\lambda R}\left[\frac{1}{th(\lambda R)} - \frac{1}{\lambda R}\right] = \frac{1}{\varphi}\left[\frac{1}{th(3\varphi)} - \frac{1}{3\varphi}\right]$$

4.14 直径为 7 mm 的球形合成甲醇催化剂的孔容积为 0.2 cm^3/g，比表面积为 160 m^2/g，曲节因子为 4.2，孔隙率为 0.438，空隙率为 0.4，反应速率 $r_{AW}=k_w c_A=10.055\times10^{-5}$ mol/(g·s)。若在催化剂中扩散的混合气为 CO 和 H$_2$，物质的量比为 1:1，分子扩散系数与压力的关系为 $D_{AB}=0.7668/p$，计算下列条件下的内扩散效率因子：(1)温度为 30℃，压力为 1 atm；(2) 温度为 30℃，压力为 200 atm。

【解】 将两种压力的计算结果列于下表。

计算内容	公式及计算过程	计算结果	
		1 atm	200 atm
平均自由程	$\lambda = 3.66\dfrac{T}{p} = 3.66\dfrac{273+30}{p}$	1108.98 Å	5.545 Å
孔半径	$\bar{r}_p = \dfrac{2V_g}{S_g} = \dfrac{2\times0.2}{160\times10^4} = 2.5\times10^{-7}$ (cm)	25 Å	25 Å
扩散类型判断	$\dfrac{\lambda}{2\bar{r}_p} = \dfrac{\lambda}{2\times25}$	22.18>10 克努森扩散，$D\approx D_K$	$10^{-2}<0.111<10$ 综合扩散
分子扩散系数	$D_{AB}=0.7668/p$		3.834×10^{-3} cm^2/s
克努森扩散系数	$D_K = 9700\bar{r}_p\sqrt{\dfrac{T}{M}} = 9700\times2.5\times10^{-7}\sqrt{\dfrac{303}{28}}$	7.977×10^{-2} cm^2/s	7.977×10^{-2} cm^2/s
综合扩散系数	$\dfrac{1}{D} = \dfrac{1}{D_K} + \dfrac{1}{D_{AB}}$	7.977×10^{-2} cm^2/s	2.589×10^{-2} cm^2/s

计算内容	公式及计算过程	计算结果	
		1 atm	200 atm
有效扩散系数	$D_e = \dfrac{\varepsilon_p}{\tau} D = \dfrac{0.438}{4.2} \times D$	8.319×10^{-3} cm^2/s	2.700×10^{-3} cm^2/s
浓度	$c_{As} = \dfrac{p_A}{RT} = \dfrac{0.5p}{0.08206 \times 303} = 2.011 \times 10^{-5}\, p$	2.011×10^{-5} mol/cm^3	4.022×10^{-3} mol/cm^3
颗粒密度	$\rho_p = \dfrac{\varepsilon_p}{V_g} = \dfrac{0.438}{0.2}$	2.19 g/cm^3	2.19 g/cm^3
密度关系式	$\rho_b = \rho_p(1-\varepsilon_b) = 2.19(1-0.4)$	1.314 g/cm^3	1.314 g/cm^3
质量速率常数	$k_W = r_{AW}/c_{As} = 5/p$	5 cm^3/(g·s)	0.025 cm^3/(g·s)
速率常数关系式	$k = \rho_b k_W = 6.57/p$	6.57 s^{-1}	3.285×10^{-2} s^{-1}
蒂勒模数	$\varphi = \dfrac{R}{3}\sqrt{\dfrac{k}{D_e}} = \dfrac{0.7/2}{3}\sqrt{\dfrac{k}{D_e}}$	3.279	0.416
内扩散效率因子	$p=1$ atm，$\varphi>3$，$\eta=1/\varphi$ $p=200$ atm，$0.4<\varphi<3$， $\eta = \dfrac{\text{th}\varphi}{\varphi} = \dfrac{e^{\varphi} - e^{-\varphi}}{\varphi(e^{\varphi} + e^{-\varphi})}$	0.305	0.946

4.15 气固相催化二级不可逆反应 A $\longrightarrow$ B，$r_A = k_W c_A^2 = 1.339 \times 10^{-6}$ mol/(g·s)，温度为 600 K，压力为 1 atm，分子扩散系数 $D_{AB} = 0.101$ cm^2/s，A 的相对分子质量为 58，球形催化剂半径为 9 mm，颗粒密度为 1.2 g/cm^3，比表面积为 105 m^2/g，孔隙率为 0.59，空隙率为 0.35。若 A 和 B 进行等物质的量逆向扩散，试计算有效扩散系数并确定是否存在内扩散影响(曲节因子取 3.5)。

【解】 计算有效扩散系数的结果列于下表。

计算内容	公式及计算过程	计算结果
平均自由程	$\lambda = 3.66\dfrac{T}{p} = 3.66\dfrac{600}{p}$	2196 Å
孔半径	$\bar{r}_p = \dfrac{2V_g}{S_g} = \dfrac{2\varepsilon_p}{\rho_p S_g} = \dfrac{2 \times 0.59}{1.2 \times 105 \times 10^4} = 93.651 \times 10^{-8}$ (cm)	93.651 Å
扩散类型判断	$\dfrac{\lambda}{2\bar{r}_p} = \dfrac{2196}{2 \times 93.651}$	11.724>10 克努森扩散，$D \approx D_K$
克努森扩散系数	$D_K = 9700\bar{r}_p\sqrt{\dfrac{T}{M}} = 9700 \times 93.651 \times 10^{-8}\sqrt{\dfrac{600}{58}}$	2.922×10^{-2} cm^2/s
有效扩散系数	$D_e = \dfrac{\varepsilon_p}{\tau} D = \dfrac{0.59}{3.5} \times 2.922 \times 10^{-2}$	4.926×10^{-3} cm^2/s
浓度	$c_A = \dfrac{0.5 \times 1}{0.08206 \times 600} = 1.016 \times 10^{-2}$ (mol/L)	1.016×10^{-5} mol/cm^3

续表

计算内容	公式及计算过程	计算结果
质量速率常数	$k_w = \dfrac{r_A}{c_A^2} = \dfrac{1.339 \times 10^{-6}}{(1.016 \times 10^{-5})^2}$	$1.297 \times 10^4 \, cm^6/(mol \cdot g \cdot s)$
体积速率常数	$k = \rho_p(1-0.35)k_w = 1.2 \times (1-0.35) \times 1.297 \times 10^3$	$1.012 \times 10^3 \, cm^3/(mol \cdot s)$
蒂勒模数	$\varphi = \dfrac{R}{3}\sqrt{\dfrac{n+1}{2}\dfrac{k}{D_e}c_{Ag}^{n-1}} = \dfrac{0.9}{3}\sqrt{\dfrac{3}{2} \times \dfrac{1.012 \times 10^3}{4.926 \times 10^{-3}} \times 1.016 \times 10^{-5}}$	$0.531 < 3$
内扩散效率因子	$\eta = \dfrac{\mathrm{th}\varphi}{\varphi} = \dfrac{e^{\varphi}-e^{-\varphi}}{\varphi(e^{\varphi}+e^{-\varphi})} = \dfrac{1.701-0.588}{0.531 \times (1.701+0.588)}$	0.916

结论：因为 η_1 接近于 1，所以内扩散影响较小。

4.16　在 630℃，1 atm 下，通过固定床反应器研究轻油的气相催化裂解。实验表明，在研究条件下，催化剂的表观活性与外表面积成比例。催化剂为 SiO_2-Al_2O_3 球形颗粒，粒径为 0.088 cm。轻油的液体空速为 60 $cm^3/(h \cdot cm^3_{反应器体积})$，转化率为 50%，密度为 0.8699 cm^3，平均相对分子质量为 255，固定床的有效密度为 0.7 $g_{cat}/(cm^3_{反应器体积})$。催化剂中的有效扩散系数为 $8 \times 10^{-4} \, cm^2/s$，催化剂颗粒的密度为 0.95 g/cm^3，反应物的平均浓度为 $6 \times 10^{-6} \, mol/cm^3$。设反应为一级不可逆，过程等温，并将数据看成微分反应器的平均数据，试计算催化剂的内扩散效率因子 η_1。

【解】　因为可按微分反应器处理，其反应速率为

$$R_{AW} = F_0 y_{A0} \Delta X_A / W$$

式中

$$F_0 = \frac{S_v \rho_L}{M_m} = \frac{60 \times 0.869}{255 \times 3600} = 5.68 \times 10^{-5} \, [mol/(s \cdot cm^3_{反应器})]$$

$$\frac{F_0}{W} = \frac{F_0}{\rho_e} = \frac{5.68 \times 10^{-5}}{0.7} = 8.114 \times 10^{-5} \, [mol/(s \cdot g_{cat})]$$

$$y_{A0} = 1 \quad \Delta X_A = 0.5$$

所以

$$R_{AW} = 8.114 \times 10^{-5} \times 1 \times 0.5 = 4.057 \times 10^{-5} \, [mol/(s \cdot g_{cat})]$$

又

$$r_{AW} = k_W c_A = 6 \times 10^{-6} k_W \, [mol/(s \cdot g_{cat})]$$

而

$$R_{AW} = \eta r_{AW} = \eta k_W c_A \quad \Rightarrow \quad \eta k = \frac{R_{AW}}{\rho_b c_A} = \frac{4.057 \times 10^{-5}}{0.7 \times 6 \times 10^{-6}} = 9.66$$

当内扩散影响严重时

$$\eta = \frac{1}{\varphi} = \frac{1}{\dfrac{R}{3}\sqrt{\dfrac{k}{D_e}}} \quad \Rightarrow \quad \eta k = \frac{3}{R}\sqrt{kD_e} = 9.66$$

$$k = \left(\frac{9.66 \times 0.088}{2 \times 3}\right)^2 \frac{1}{8 \times 10^{-4}} = 25.092\,(\mathrm{s^{-1}})$$

$$\eta = \frac{9.66}{25.092} = 0.385$$

4.17 在半径为 R 的球形催化剂上进行气固相催化反应 $A \rightleftharpoons B$。若气流主体、催化剂颗粒外表面上及颗粒中心处组分 A 的浓度分别为 c_{Ag}、c_{As}、c_{Ac}，平衡浓度为 c_{Ae}。试绘出下列情况下反应物的径向浓度分布示意图：(1) 化学动力学控制；(2) 外扩散控制；(3) 内扩散控制；(4) 化学动力学阻力可以忽略；(5) 外扩散阻力可以忽略；(6) 内扩散阻力可以忽略。

【解】 气固相催化反应 $A \rightleftharpoons B$ 浓度分布图如下。

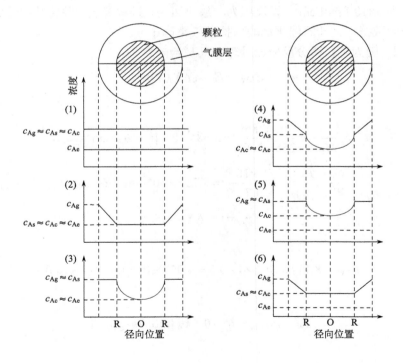

4.5　练　习　题

【4.1】　已知可逆反应 A＋B ⇌ L＋M 的反应机理为

（Ⅰ）A＋σ ⇌ Aσ，（Ⅱ）B＋σ ⇌ Bσ，（Ⅲ）Aσ＋Bσ ⇌ Lσ＋Mσ

（Ⅳ）Lσ ⇌ L＋σ，（Ⅴ）Mσ ⇌ M＋σ

试推导其速率方程。

答案：
$$r_M = \frac{k_{aM}\left(K\dfrac{p_A p_B}{p_L} - p_M\right)}{1 + K_A p_A + K_B p_B + K_L p_L + K_M K \dfrac{p_A p_B}{p_L}}$$
。

【4.2】　已知可逆反应 A＋B ⇌ L＋M 的反应机理为

（Ⅰ）A＋2σ ⇌ 2A$_{1/2}$σ，（Ⅱ）B＋σ ⇌ Bσ

（Ⅲ）2A$_{1/2}$σ＋Bσ ⇌ Lσ＋M＋2σ，（Ⅳ）Lσ ⇌ L＋σ

试推导其速率方程。

答案：
$$r_S = \frac{k_{1S} K_A K_B (p_A p_B - p_L p_M/K)}{(1 + \sqrt{K_A p_A} + K_B p_B + K_L p_L)^3}$$
。

【4.3】　已知可逆反应 A＋B ⇌ L＋M 的反应机理为

（Ⅰ）A＋σ$_1$ ⇌ Aσ$_1$，（Ⅱ）B＋σ$_2$ ⇌ Bσ$_2$，（Ⅲ）Aσ$_1$＋Bσ$_2$ ⇌ Lσ$_1$＋Mσ$_2$

（Ⅳ）Lσ$_1$ ⇌ L＋σ$_1$，（Ⅴ）Mσ$_2$ ⇌ M＋σ$_2$

试推导其速率方程。

答案：
$$r_B = \frac{k_{aB}\left(p_B - \dfrac{1}{K}\dfrac{p_L p_M}{p_A}\right)}{1 + K_M p_M + \dfrac{K_B}{K}\dfrac{p_L p_M}{p_A}}$$
。

【4.4】　一氧化碳的变换反应 $H_2O + CO \rightleftharpoons H_2 + CO_2$，其反应机理如下

$$H_2O + \sigma \rightleftharpoons O\sigma + H_2 \qquad\qquad (Ⅰ)$$

$$CO + O\sigma \rightleftharpoons CO_2 + \sigma \qquad\qquad (Ⅱ)$$

试分别推导：(1) 过程为吸附控制(Ⅰ)时的速率方程；(2) 过程为表面反应控制(Ⅱ)时的速率方程。

答案：(1)　$r = (k_a p_{H_2O} - k_d \dfrac{p_{CO_2} p_{H_2}}{K_S p_{CO}}) / (\dfrac{p_{CO_2}}{1 + K_S p_{CO}})$；

(2)　$r = (k_{1S}K_{吸附}p_{CO}p_{H_2O}/p_{H_2} - k_{2S}p_{CO_2}) / (1 + \dfrac{K_{吸附}p_{H_2O}}{p_{H_2}})$。

【4.5】 试推导出下列速率方程的机理式。

$$(1)\ r = \frac{k_{aM}(K\dfrac{p_A p_B}{p_L} - p_M)}{1 + \sqrt{K_A p_A} + K_B p_B + K_M K \dfrac{p_A p_B}{p_L}}$$

$$(2)\ r = \frac{k_{1S}K_A K_B p_A p_B - k_{2S}K_L K_M p_L p_M}{(1 + K_A p_A)(1 + \sqrt{K_B p_B} + K_L p_L + K_M p_M)^2}$$

答案：(1)（Ⅰ）A+2σ $\rightleftharpoons$ 2A$_{1/2}$σ，（Ⅱ）B+σ $\rightleftharpoons$ Bσ，（Ⅲ）2A$_{1/2}$σ+Bσ $\rightleftharpoons$

L+Mσ+2σ，（Ⅳ）Mσ $\rightleftharpoons$ M+σ。

(2)（Ⅰ）A+σ$_1$ $\rightleftharpoons$ Aσ$_1$，（Ⅱ）B+2σ$_2$ $\rightleftharpoons$ 2B$_{1/2}$σ$_2$，（Ⅲ）Aσ$_1$+2B$_{1/2}$σ$_2$ $\rightleftharpoons$

Lσ$_2$+Mσ$_2$+σ$_1$，（Ⅳ）Lσ$_2$ $\rightleftharpoons$ L+σ$_2$，（Ⅴ）Mσ$_2$ $\rightleftharpoons$ M+σ$_2$。

【4.6】 反应气体以 22320 kg/(m^2·h)的质量流量通过一总长为 4 m、装填有直径为 2.5 mm 球形催化剂颗粒的填充床中，床层空隙率为 0.44，气体的密度为 2.46×10^{-3} g/cm^3，黏度为 2.3×10^{-4} g/(cm·s)，试计算床层的压降。

答案：2.876×10^5 Pa。

【4.7】 气体在 10 atm 下以 3000 kg/(m^2·h)的质量流量通过实验室中的苯加氢反应器，催化剂为 ϕ 8 mm×9 mm 圆柱，颗粒密度为 0.9 g/cm^3，床层堆密度为 0.6 g/cm^3，在反应器某处气体温度为 220℃，气体组成为 10%苯、80%氢、5%环己烷和 5%甲烷（体积分数），气体黏度为 1.4×10^{-4} g/(cm·s)，扩散系数为 0.267 cm^2/s，反应热 $-\Delta H_r$=2.135×10^5 J/mol，定压热容为 49 J/(mol·℃)。试估算催化剂的外表面浓度和温度。

答案：c_{As}=2.46×10^{-2} mol/L，t_s=220.12℃。

【4.8】 乙醇在 275℃和 1 atm 下在管式固定床反应器中进行脱氢生成乙醛的反应

$$C_2H_5OH(A) \longrightarrow CH_3CHO(L) + H_2(M)$$

反应器内径为 0.035 m，装填有质量为 5 g、ϕ 2 mm×2 mm 的圆柱形催化剂，堆密度为 1500 kg/m^3，外比表面积为 1.26 m^2/kg。乙醇的进料摩尔流量 F_{A0}= 0.01 kmol/h，此时测得乙醇转化率为 0.362，反应速率为 0.193 kmol/(kg·h)，反应热 ΔH_r 为 16800 kcal/kmol。气体混合物黏度为 0.0557 kg/(m·h)，定压热容为 18.92 kcal/(kmol·K)，导热系数为 0.0569 kcal/(m·h·K)，乙醇在混合物中的分子扩散系数为 0.1029 m^2/h。试估算气流主体与催化剂颗粒外表面间的分压差和温度差。

答案：Δp=0.040 atm，ΔT=−19.54℃。

【4.9】 设气流主体与颗粒外表面间不存在温度差，试推导一级不可逆反应的

外扩散效率因子计算式。

答案：$\eta_X = \dfrac{1}{1+Da}$。

【4.10】 甲烷水蒸气转化混合气含 CH_4、H_2O、CO、CO_2 和 H_2，它们分别用 A、B、C、D 和 E 表示。计算 $750℃$，$1\ atm$ 和 $30\ atm$ 条件下，下列体系的扩散系数：(1) CH_4 和 H_2 二元体系的分子扩散系数；(2) 多组分体系中，CH_4 在气体混合物中的扩散系数。各组分的分子分数为：$y_A = 0.1$，$y_B = 0.46$，$y_C = 0.06$，$y_D = 0.04$，$y_E = 0.34$；(3) 若催化剂颗粒中微孔的孔半径为 25 Å 和 500 Å，试计算甲烷在孔内气体混合物中的综合扩散系数。

答案：(1) $D_{AE} = 5.973\ cm^2/s$(1 atm)，$D_{AE} = 0.1991\ cm^2/s$(30 atm)；

(2) $D_{Am} = 2.877\ cm^2/s$(1 atm)，$D_{Am} = 0.0959\ cm^2/s$(30 atm)；

(3) $D_K = 1.939 \times 10^{-2}\ cm^2/s$(25 Å)，$D_K = 0.3878\ cm^2/s$(500 Å)。

【4.11】 苯于 $200℃$ 下在镍催化剂上进行加氢反应，若催化剂微孔的平均孔径为 $5 \times 10^{-9}\ m$，孔隙率为 0.43，曲节因子为 4。试计算系统总压为 $1\ atm$ 和 $30\ atm$ 时，氢在催化剂内的有效扩散系数。

答案：$D_e = 4.01 \times 10^{-3}\ cm^2/s$(1 atm)，$D_e = 1.714 \times 10^{-3}\ cm^2/s$(30 atm)。

【4.12】 试推导在球形催化剂上进行等温一级可逆反应时，内扩散效率因子的计算式。

答案：$\eta_I = \dfrac{1}{\varphi}\left[\dfrac{1}{\text{th}(3\varphi)} - \dfrac{1}{3\varphi}\right]$，　$\varphi = \dfrac{R}{3}\sqrt{\dfrac{k_{正} + k_{逆}}{D_e}}$。

【4.13】 相对分子质量为 120 的某气体于 $1\ atm$、$360℃$ 下在球形催化剂上进行一级反应，实际测得的反应速率为 $1.20 \times 10^{-5}\ mol/(mL·g_{cat})$。已知颗粒直径为 $2\ mm$，密度为 $1.0\ g/mL$，比表面积为 $450\ m^2/g$，微孔孔径为 $3 \times 10^{-9}\ m$，孔隙率为 0.50，曲节因子为 3.0。试估算催化剂的内扩散效率因子。

答案：$\eta_I = 0.42$。

【4.14】 正丁烷于常压下在 $0.32\ cm$ 的球形镍铝催化剂上进行一级不可逆脱氢反应。在 $500℃$ 时反应速率常数 $k_w = 0.94\ cm^3/(s·g_{cat})$，催化剂平均孔半径为 $5.5 \times 10^{-9}\ m$，孔容积为 $0.35\ cm^3/g$，孔隙率为 0.36，曲节因子为 2.0。试计算催化剂的内扩散效率因子并确定是否存在内扩散影响。

答案：$\eta_I = 0.533$，存在内扩散影响。

【4.15】 丁烷于 $1\ atm$、$500℃$ 下在厚度为 $8\ mm$ 的薄片铬铝催化剂上进行脱氢反应，其反应速率 $r_A = k_w c_A = 14.5 \times 10^{-6}\ mol/(g·s)$。催化剂的平均孔半径为 $4.8 \times 10^{-9}\ m$，颗粒密度为 $1.5\ g/cm^3$，孔容积为 $0.35\ cm^3/g$，空隙率为 0.4，曲节因子为 2.5。试计算内扩散有效因子。

答案：$\eta_I = 0.16$。

【4.16】 在 Pt/Al_2O_3 催化剂上于 $1\ atm$、$100℃$ 用空气进行微量 CO 的氧化反应，

已知球形催化剂的半径为 6 mm，孔容积为 0.45 cm^3/g，比表面积为 200 m^2/g，颗粒密度为 1.2 g/cm^3，空隙率为 0.36，曲节因子为 3.7，分子扩散系数 D_{AB}=0.192 cm^2/s。在上述反应条件下该反应可按一级不可逆反应处理，本征反应速率 $r_A=k_w c_A$=1.228×10^{-4} mol/(g·s)。试计算内扩散效率因子，并确定是否存在内扩散影响。

答案：η=0.142，内扩散影响严重。

【4.17】 相对分子质量为 58 的纯气体于 1 atm、500℃下在直径为 6 mm 的球形催化剂上进行一级不可逆反应 A ——→ L，其宏观反应速率 R_A=9.2×10^{-2} mol/(s·L)。已知堆密度为 0.72 g/cm^3，孔隙率为 0.45，空隙率为 0.4，比表面积为 150 m^2/g，曲节因子为 2。试计算催化剂的内扩散效率因子(假设内扩散影响严重)。

答案：η=0.259。

【4.18】 相对分子质量为 58 的纯气体于 1 atm、100℃下在直径为 6 mm 的球形催化剂上进行二级不可逆反应 A ——→ L，反应的速率方程为 $r_A=0.1 c_A^2$ mol/(m^3·s)。若催化剂微孔的平均孔径为 1.2×10^{-8} m，堆密度为 0.54 g/cm^3，空隙率为 0.4，比表面积为 240 m^2/g，曲节因子为 2，试计算内扩散效率因子。

答案：η=0.312。

【4.19】 纯丁烷于 1 atm、500℃下在厚度为 2 mm 的薄片催化剂上进行脱氢制备丁烯的等温气固相催化反应

$$C_4H_{10} \xrightarrow{\text{cat}} C_4H_8 + H_2$$

反应为针对丁烷的一级反应，速率方程为

$$r_A=k_w c_A \text{ mol/(g·s)}, \quad k_w=0.92 \text{ cm}^3/(g·s)$$

催化剂外表面对气相的传质系数 $k_G a_m$ 为 0.23 cm^3/(g·s)，进料体积流量为 2 m^3/min。催化剂的比表面积为 150 m^2/g，孔容积为 0.36 cm^3/g，曲节因子为 2.5。试计算内、外扩散均有影响时的总效率因子。

答案：η_1=0.4955，Da=4，η=0.166。

【4.20】 在半径为 R 的球形催化剂上进行气固相催化反应 A ⇌ B。若气流主体、催化剂颗粒外表面上及颗粒中心处组分 B 的浓度分别为 c_{Bg}、c_{Bs}、c_{Bc}，平衡浓度为 c_{Be}。试绘出下列情况下产物的径向浓度分布示意图：(1) 化学动力学控制；(2) 外扩散控制；(3) 内扩散控制；(4) 化学动力学阻力可以忽略；(5) 外扩散阻力可以忽略；(6) 内扩散阻力可以忽略。

答案：与习题 4.17 相似，但浓度关系大小相反。

第 5 章　气固相固定床催化反应器

5.1　内容框架

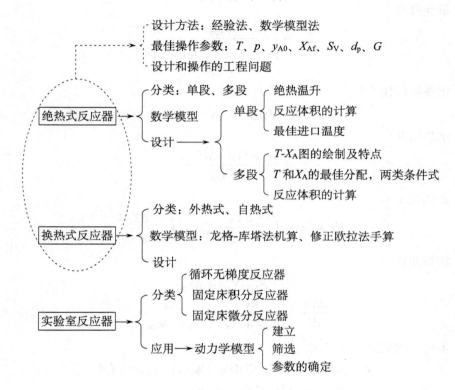

5.2　知识要点

5-1　了解数学模型的分类，拟均相一维理想置换模型的模型方程。

5-2　掌握多段间接换热绝热式催化反应器两类条件式及其物理意义。

5-3　掌握各种多段绝热式催化反应器 T-X_A 图的绘制及其特点。

5-4　了解连续换热式气固相催化反应器各种分类、外热式和自热式反应器的定义以及常用的加热载体。

5-5　掌握四种自热式反应器 l-T 图的绘制及评价。

5-6　了解连续换热式气固相催化反应器采用的模型，基础方程包括的内容，掌握各换热式反应器数学模型的构成。

5-7　了解实验室催化反应器的分类及应用。

5-8　了解最佳参数、影响最佳温度的因素及结构设计问题。

5-9　熟悉绝热式和换热式催化反应器的设计。

5.3　主　要　公　式

最佳温度

$$T_{\text{opt}} = \frac{T_{\text{eq}}}{1 + T_{\text{eq}} \dfrac{R}{E_2 - E_1} \ln\left(\dfrac{E_2}{E_1}\right)} \tag{5.1}$$

绝热操作线方程

$$T_{\text{b}} - T_{\text{b1}} = \varLambda(X_{\text{A}} - X_{\text{A1}}) \tag{5.2}$$

绝热温升

$$\varLambda = \frac{y_{\text{A0}} F_{\text{T0}} (-\Delta H_{\text{r}})_{T_{\text{b1}}}}{F_{\text{T}} \overline{C}_{pb}} \tag{5.3}$$

催化剂用量

$$V_{\text{R}} = Q_0 c_{\text{A0}} \int_0^{X_{\text{Af}}} \frac{\mathrm{d}X_{\text{A}}}{R_{\text{A}}} = Q_0 c_{\text{A0}} \int_0^{X_{\text{Af}}} \frac{\mathrm{d}X_{\text{A}}}{\eta r_{\text{Ag}}} \tag{5.4}$$

物料衡算

$$F_{\text{A0}}\mathrm{d}X_{\text{A}} = R_{\text{A}}\mathrm{d}V_{\text{R}}$$

$$\frac{\mathrm{d}X_{\text{A}}}{\mathrm{d}l} = \frac{R_{\text{A}}}{y_{\text{A0}} F_{\text{T0}}/A_{\text{R}}} = \frac{R_{\text{A}}}{y_{\text{A0}} G/M_{\text{m}}} \tag{5.5}$$

催化床内的热量衡算式

$$F_{\text{T}} C_{pb} \mathrm{d}T_{\text{b}} = (-\Delta H_{\text{r}}) R_{\text{A}} \mathrm{d}V_{\text{R}} - h_{\text{ba}}(T_{\text{b}} - T_{\text{a}}) m_{\text{t}} \pi d_{\text{a}} \mathrm{d}l$$

$$\frac{\mathrm{d}T_{\text{b}}}{\mathrm{d}l} = \frac{(-\Delta H_{\text{r}})}{y_{\text{A0}} C_{pb}} \frac{\mathrm{d}X_{\text{A}}}{\mathrm{d}l} - \frac{h_{\text{ba}} m_{\text{t}} \pi d_{\text{a}}}{F_{\text{T}} C_{pb}} (T_{\text{b}} - T_{\text{a}}) \tag{5.6}$$

$j+1$ 截面上的参数

$$T_{\text{b}j+1} = T_{\text{b}j} + \left(\frac{\mathrm{d}T_{\text{b}}}{\mathrm{d}l}\right)_{j,j+1} \cdot \Delta l \tag{5.7}$$

j 及 $j+1$ 截面间参数的平均变化率

$$\left(\frac{\mathrm{d}T_{\text{b}}}{\mathrm{d}l}\right)_{j,j+1} = \left(\frac{\mathrm{d}T_{\text{b}}}{\mathrm{d}l}\right)_{\text{m}} = \frac{1}{2}\left[\left(\frac{\mathrm{d}T_{\text{b}}}{\mathrm{d}l}\right)_{j} + \left(\frac{\mathrm{d}T_{\text{b}}}{\mathrm{d}l}\right)_{j+1}\right] \tag{5.8}$$

参数的平均变化率简化式

$$\left(\frac{\mathrm{d}T_{\mathrm{b}}}{\mathrm{d}l}\right)_{j,j+1} = \frac{3}{2}\left(\frac{\mathrm{d}T_{\mathrm{b}}}{\mathrm{d}l}\right)_{j} - \frac{1}{2}\left(\frac{\mathrm{d}T_{\mathrm{b}}}{\mathrm{d}l}\right)_{j-1} \tag{5.9}$$

5.4　习　题　解　答

5.1　已知氨合成反应 $0.5N_2 + 1.5H_2 \rightleftharpoons NH_3$ 的平衡常数与温度、压力的关系如下

$$\lg K_p = \frac{2172.26 + 1.99082p}{T} - (5.2405 + 0.002155p) \tag{5.1-A}$$

而

$$K_p = \frac{y_{NH_3}}{0.325p(1 - y_{NH_3} - y_{I0} - y_{I0}y_{NH_3})^2} \tag{5.1-B}$$

反应所用某铁催化剂的正反应活化能 $E_1=14000$ cal/mol，逆反应活化能 $E_2=40000$ cal/mol。试分别计算下列情况下氨合成反应的最佳温度并绘出平衡温度曲线和最佳温度曲线，然后加以比较。

(1) $p=300$ atm(绝对)，y_{NH_3} 分别为 0.08，0.10，0.12，0.14，0.16；氨分解基气体组成为 3:1(物质的量比)的氢氮气；

(2) $p=300$ atm(绝对)，y_{NH_3} 分别为 0.08，0.10，0.12，0.14，0.16；氨分解基气体组成为：惰性气体含量 $y_{I0}=0.12$，其余为 3:1 的氢氮气；

(3) $p=150$ atm(绝对)，其余条件同(1)；

(4) $p=150$ atm(绝对)，其余条件同(2)。

【解】　由式(5.1-A)得

$$p = 300 \text{ atm} \qquad T_{\mathrm{eq}} = \frac{2769.506}{\lg K_p + 5.887} \tag{5.1-Ca}$$

$$p = 150 \text{ atm} \qquad T_{\mathrm{eq}} = \frac{2470.883}{\lg K_p + 5.564} \tag{5.1-Cb}$$

由式(5.1)计算最佳温度

$$T_{\mathrm{opt}} = \frac{T_{\mathrm{eq}}}{1 + T_{\mathrm{eq}}\dfrac{R}{E_2 - E_1}\ln\left(\dfrac{E_2}{E_1}\right)} \tag{5.1-D}$$

由式(5.1-B)~式(5.1-D)计算的结果如下

		y_{NH_3}	0.08	0.1	0.12	0.14	0.16
(1)		$K_p \times 10^5$	96.9	126.6	158.9	194.1	232.6
$y_{I0}=0$		T_{eq}	963.8	926.4	896.8	872.3	851.2
$p=300$ atm		T_{opt}	894.6	862.3	836.6	815.2	796.8
(2)		$K_p \times 10^5$	131.3	173.9	221.4	274.5	334.1

	y_{NH_3}	0.08	0.1	0.12	0.14	0.16
0.12	T_{eq}	921.5	885.6	856.9	832.8	812.0
p=300 atm	T_{opt}	858.1	826.8	801.7	780.6	762.3
(3)	$K_p \times 10^5$	193.9	253.2	317.9	388.3	465.1
$y_{10}=0$	T_{eq}	866.6	832.6	805.8	783.6	764.6
p=150 atm	T_{opt}	810.2	780.5	756.9	737.3	720.4
(4)	$K_p \times 10^5$	262.7	347.8	442.8	549.1	668.3
$y_{10}=0$	T_{eq}	828.72	795.7	769.7	747.9	729.1
p=150 atm	T_{opt}	776.6	747.9	724.9	705.6	688.8

根据表中数据绘制图 5.1-A。

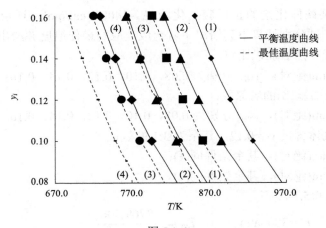

图 5.1-A

比较图中四种条件下的曲线可知：

(1) 当初始气体组成相同时，压力越高，平衡曲线越高，最佳温度曲线也相应升高；

(2) 当操作压力相同时，初始气体中惰性气体含量越低，平衡曲线越高，最佳温度曲线也相应升高。

5.2 二氧化硫氧化反应在某钒催化剂上进行时的本征速率方程为

$$a\frac{\mathrm{d}X_A}{\mathrm{d}\tau_0} = k\left(\frac{X_A^* - X_A}{X_A}\right)^{0.8}\left(b - \frac{aX_A}{2}\right)\frac{273}{t+273} \tag{5.2-A}$$

式中

$$k = 9.26 \times 10^6 \exp\left[-\frac{23000}{1.987(t+273)}\right]\mathrm{s}^{-1} \tag{5.2-B}$$

平衡转化率计算式为

$$X_{\mathrm{A}}^{*} = \frac{K_p}{K_p + \sqrt{\dfrac{1 - 0.5aX_{\mathrm{A}}^{*}}{p(b - 0.5aX_{\mathrm{A}}^{*})}}} \tag{5.2-C}$$

平衡常数计算式为

$$\lg K_p = \frac{4905.5}{t + 273} - 4.6455 \tag{5.2-D}$$

如初始气体组成为 SO_2，$a=0.07$；O_2，$b=0.11$ 的原料气。在装有此种催化剂的绝热反应器中进行反应，气体的绝热温升 $\Lambda=200℃$。试求：

(1) 当此反应器的气体入口温度为 450℃，出口转化率为 0.70 时，标准接触时间是多少？

(2) 当此反应器的处理气量为 19700 Nm^3/h 时，催化剂用量为多少(催化剂的活性校正系数为 0.6)？

【解】　由绝热操作线方程

$$t = 450 + 200X_{\mathrm{A}} \tag{5.2-E}$$

已知 $a=0.07$，$b=0.11$，$p=1$ atm，计算步骤为

(1) 由式(5.2-E)计算不同转化率下的温度值；

(2) 由式(5.2-D)计算不同温度下的平衡常数值；

(3) 由式(5.2-C)计算不同温度、不同平衡常数下的平衡温度值；

(4) 由式(5.2-B)计算不同温度下的速率常数值；

(5) 由式(5.2-A)计算转化率随时间的变化率。

根据以上步骤计算的结果如下

X_{A}	0	0.1	0.2	0.3	0.4	0.5	0.6	0.7
t	450	470	490	510	530	550	570	590
K_p	137.855	90.529	60.775	41.640	29.071	20.654	14.914	10.933
X_{Aeq}	0.9748	0.9622	0.449	0.9219	0.8924	0.8558	0.8121	0.7619
k	1.032	1.587	2.388	3.518	5.085	7.218	10.077	13.852
$dX_{\mathrm{A}}/d\tau_0$		4.973	3.6	3.124	2.799	2.410	1.806	0.769
$d\tau_0/dX_{\mathrm{A}}$	0	0.201	0.278	0.320	0.357	0.415	0.554	1.301

由梯形公式可得

$$\tau_0 = \frac{0 + 2(0.201 + 0.278 + 0.320 + 0.357 + 0.415 + 0.554) + 1.274}{2} \times 0.1 = 0.2776\,(\mathrm{s})$$

$$V_{\mathrm{R}} = \frac{19700 \times 0.2776}{3600 \times 0.6} = 2.532\,(\mathrm{m}^3)$$

5.3 某常压一氧化碳变换器采用两段间接换热式催化反应器，进口干基气量为 55000 Nm^3/h，进口干基气体组成为：H_2 0.4950；CO 0.3850；CO_2 0.065；$N_2 + Ar$ 0.0550。进口气体中水蒸气与一氧化碳物质的量之比为 6。第 I 段催化床进口温度为 400℃，出口转化率为 0.87；第 II 段催化床进口温度为 415℃，出口转化率为 0.928。所用催化剂的本征速率方程为

$$-\frac{dp_{CO}}{d\tau_0} = k_1 p_{CO} \left(\frac{p_{H_2O}}{p_{H_2}} \right)^{0.5} - k_2 p_{CO_2} \left(\frac{p_{H_2}}{p_{H_2O}} \right)^{0.5} \tag{5.3-A}$$

式中

$$k_1 = 13100 \exp\left[-\frac{12500}{1.987(t + 273)} \right] \ h^{-1} \tag{5.3-B}$$

平衡常数计算式为

$$\lg K_p = \frac{1914}{t + 273} - 1.782 \tag{5.3-C}$$

已知正反应活化能 $E_1 = 12500 \ cal/mol$，逆反应活化能 $E_2 = 21300 \ cal/mol$。

(1) 试计算并绘出平衡曲线和化学动力学控制时的最佳温度曲线；

(2) 计算第 I 段及第 II 段催化床出口温度；

(3) 求第 I 段催化剂用量(校正系数取 0.5)；

(4) 求第 II 段催化剂用量(校正系数取 0.625)。

【解】 以符号 A、B、C、D、I 分别代表 CO、H_2O、CO_2、H_2、N_2，先计算出进第一段催化床的混合气体组成。

CO：$a = 0.385/(1 + 6 \times 0.385) = 0.1163$ H_2O：$b = 2.31/3.31 = 0.6979$

CO_2：$c = 0.065/3.31 = 0.0196$ H_2：$d = 0.495/3.31 = 0.1495$

(1) 计算不同转化率下的平衡温度和最佳温度。

由于平衡常数

$$K_p = \frac{p_C^* p_D^*}{p_A^* p_B^*} = \frac{(c + aX_A^*)(d + aX_A^*)}{a(1 - X_A^*)(b - aX_A^*)}$$

$$= \frac{(0.0196 + 0.1163X_A^*)(0.1495 + 0.1163X_A^*)}{0.1163(1 - X_A^*)(0.6979 - 0.1163X_A^*)} \tag{5.3-D}$$

代入式(5.3-C)计算平衡温度

$$T_{eq} = \frac{1914}{\lg K_p + 1.782} \tag{5.3-E}$$

由式(5.1)计算最佳温度

$$T_{opt} = \frac{T_{eq}}{1 + T_{eq}\dfrac{R}{E_2 - E_1}\ln\dfrac{E_2}{E_1}}$$

$$= \frac{T_{eq}}{1 + \dfrac{1.987T_{eq}}{21300 - 12500}\ln\dfrac{21300}{12500}} = \frac{T_{eq}}{1 + 1.203\times10^{-4}T_{eq}} \qquad (5.3\text{-F})$$

由式(5.3-D)~式(5.1-F)计算的结果如下

X_A	0	0.15	0.3	0.45	0.6	0.75	0.9	0.928
K_p	0.036	0.092	0.186	0.352	0.671	1.424	4.578	6.645
T_{eq}/K	5637.298	2567.387	1819.640	1441.206	1189.886	988.847	783.563	734.880
T_{opt}/K	3359.200	1961.550	1492.851	1228.255	1040.890	883.721	716.065	675.189

根据表中数据绘制图 5.3-A。

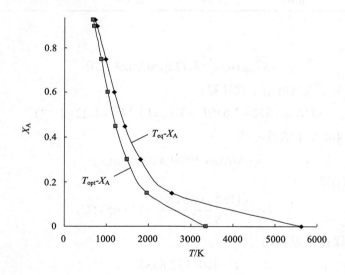

图 5.3-A　T-X_A 图

(2) 计算第 I 段及第 II 段催化床的出口温度。

因为绝热温升

$$\varLambda = \frac{a(-\Delta H_r)_{T_{b1}}}{\overline{C}_{pm}} \qquad (5.3\text{-G})$$

而 $\overline{C}_{pm} = \sum y_i C_{pi}$ 为该段出口气体组成、进出口平均温度下的热容。

查得反应体系各组分在 400℃、500℃时的平均定压热容:

$J/(\text{mol·K})$	$\bar{C}_{pA}$	$\bar{C}_{pB}$	$\bar{C}_{pC}$	$\bar{C}_{pD}$	$\bar{C}_{pI}$
400℃	29.86	35.18	43.77	29.21	29.66
500℃	30.17	35.73	45.09	29.27	29.95

计算出第 I 段及第 II 段出口处气体中各组分的摩尔分数：

摩尔分数	y_A	y_B	y_C	y_D	y_I
I 段出口	0.0151	0.5967	0.1208	0.2507	0.0166
II 段出口	0.0084	0.5899	0.1276	0.2575	0.0166

假定 I 段出口温度为 516.3℃，则 $\bar{T}_b$=458.15℃下各组分的热容值：

$J/(\text{mol·K})$	$\bar{C}_{pA}$	$\bar{C}_{pB}$	$\bar{C}_{pC}$	$\bar{C}_{pD}$	$\bar{C}_{pI}$
458.15℃	30.040	35.500	44.538	29.245	29.829

可计算出

$$\bar{C}_{pm\,458.15} = 8.323[\text{cal}/(\text{mol}\cdot℃)]$$

不同温度下反应热可用下式计算：

$$-\Delta H_r = 9512 + 1.619T - 3.11\times10^{-3}T^2 + 1.22\times10^{-6}T^3$$

可计算出 400℃下的反应热

$$(-\Delta H_r)_{400} = 9564.860(\text{cal/mol})$$

由式(5.3-G)得

$$\Lambda = \frac{0.1163\times9564.86}{8.323} = 133.653\,(℃)$$

故第 I 段绝热操作线方程为

$$t = 400 + 133.653X_A \tag{5.3-H}$$

则 $t_1' = 400 + 133.65\times0.87 = 516.3(℃)$，说明假设温度正确。

同理可计算出 415℃下的反应热$(-\Delta H_r)_{415} = 9551.078(\text{cal/mol})$。

假定 II 段出口温度为 422.8℃，则 $\bar{T}_b$=418.9℃下各组分的热容值：

$J/(\text{mol·K})$	$\bar{C}_{pA}$	$\bar{C}_{pB}$	$\bar{C}_{pC}$	$\bar{C}_{pD}$	$\bar{C}_{pI}$
418.9℃	29.919	35.284	44.019	29.221	29.715

可计算出

$$\overline{C}_{p\text{m}418.9} = 8.288\,\text{cal}/(\text{mol}\cdot\text{℃})$$

由式(5.3-G)得

$$\varLambda = \frac{0.1163\times 9551.078}{8.288} = 134.024(\text{℃})$$

故第 II 段绝热操作线方程为

$$t = 415+134.024X_{\text{A}} \tag{5.3-I}$$

则 t_2'=415+134.024×(0.928−0.87)=422.8(℃)，说明假设温度正确。

(3) 第 I 段催化剂用量的计算。

由式(5.3-A)有

$$-\frac{\text{d}p_{\text{A}}}{\text{d}\tau_0} = k_1 p_{\text{A}}\left(\frac{p_{\text{B}}}{p_{\text{D}}}\right)^{0.5} - k_2 p_{\text{C}}\left(\frac{p_{\text{D}}}{p_{\text{B}}}\right)^{0.5}$$

将上式用转化率表示

$$\frac{\text{d}X_{\text{A}}}{\text{d}\tau_0} = \frac{1}{a}k_1\left[a(1-X_{\text{A}})\left(\frac{b-aX_{\text{A}}}{d+aX_{\text{A}}}\right)^{0.5} - \frac{1}{K_p}(c+aX_{\text{A}})\left(\frac{d+aX_{\text{A}}}{b-aX_{\text{A}}}\right)^{0.5}\right] \tag{5.3-J}$$

第 I 段催化剂用量的计算步骤：

① 由式(5.3-H)计算不同转化率下的温度值；

② 由式(5.3-D)计算不同温度下的平衡常数值；

③ 由式(5.3-B)计算不同温度下的速率常数值；

④ 由式(5.3-J)计算转化率随时间的变化率。

根据以上步骤计算的结果如下

X_{A}	0	0.2	0.4	0.6	0.8	0.87
T	400	426.731	453.461	480.192	506.922	516.278
k_1	1.142	1.632	2.272	3.090	4.114	4.526
K_p	11.534	8.981	7.124	5.744	4.700	4.395
$\text{d}X_{\text{A}}/\text{d}\tau_0$	2.459	2.633	2.557	2.068	0.949	0.357
$\text{d}\tau_0/\text{d}X_{\text{A}}$	0.407	0.380	0.391	0.484	1.054	2.801

由梯形公式可得

$$\tau_0 = \frac{0.407+2(0.380+0.391+0.484)+1.054}{2}\times 0.2 + \frac{1.054+2.801}{2}\times 0.07 = 0.532(\text{s})$$

$$V_{\text{R}} = \frac{55000\times(1+6\times 0.385)\times 0.532}{3600\times 0.5} = 53.806(\text{m}^3)$$

(4) 第 II 段催化剂用量的计算。

第 II 段催化剂用量的计算步骤与第 I 段催化剂用量的计算步骤相同，根据以上

步骤计算的结果如下

X_A	0.87	0.8816	0.8932	0.9048	0.9164	0.928
T	415	416.555	418.109	419.664	421.219	422.773
k_1	1.400	1.429	1.459	1.489	1.520	1.551
K_p	10.000	9.856	9.715	9.577	9.442	9.309
$dX_A/d\tau_0$	0.231	0.202	0.173	0.142	0.110	0.077
$d\tau_0/dX_A$	4.329	4.951	5.780	7.042	9.091	12.987

由梯形公式可得

$$\tau_0 = \frac{4.329 + 2(4.951 + 5.78 + 7.042 + 9.091) + 12.987}{2} \times 0.0116 = 0.412 \, (s)$$

$$V_R = \frac{55000 \times (1 + 6 \times 0.385) \times 0.412}{3600 \times 0.625} = 33.335 \, (m^3)$$

图 5.3-B 为反应器的 T-X_A 图。

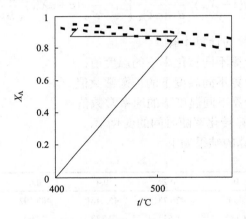

图 5.3-B　反应器的 T-X_A 图

5.4　在 350℃附近以工业 V_2O_5-硅胶作催化剂进行萘的空气氧化以制取邻苯二甲酐的反应为

$$C_{10}H_8 + 4.5O_2 \longrightarrow C_8H_4O_3 + 2H_2O + 2CO_2$$

其速率方程可近似地表示如下

$$r_A = 3.05 \times 10^5 \, p_{C_{10}H_8}^{0.38} \exp\left[-\frac{14100}{t + 273}\right], \, mol/(g_{cat} \cdot h) \tag{5.4-A}$$

反应热 $\Delta H_r = -14700 \, J/g$，但由于考虑到有完全氧化的副反应存在，放热量还要更多。如进料含萘 0.1%，空气 99.9%，而温度不超过 400℃，则可取 $\Delta H_r = -20100 \, J/g$ 来进行计算，反应压力为 0.2 atm(表压)。今有在内径为 2.5 cm、长为 3 m 的列管式反应器中，以预热到 340℃的原料气，按 1870 kg/(m²·h)的质量流量通入，管内壁温度由于管外强制传热而保持在 340℃，所用催化剂直径为 0.5 cm、高为 0.5 cm 的圆柱体，堆积密度为 0.80 g/cm³，试按一维模型计算床层轴向的温度分布。

提示：列管式反应器以一根管计算，气体的平均恒压热容 350℃为定性温度计，$\bar{C}_p$=1.059×29 J/(mol·℃)，传热系数 h 取 h_1=25 J/(m²·s·℃)和 h_2=10 J/(m²·s·℃)二值进行计算，以进行比较。将管长分为 10 段计算，只要计算截面 0-0 至截面 3-3 即可。

【解】　根据对反应器微元体积内的物料衡算和热量衡算，可以建立与管外介质进行换热的一维模型。

由式(5.5)$F_{A0}\mathrm{d}X_A=R_A\mathrm{d}V_R$ 有

$$F_{A0}\mathrm{d}X_A=\rho_b r_{AW}A_R\mathrm{d}l$$

或

$$\frac{\mathrm{d}X_A}{\mathrm{d}l}=\frac{\rho_b}{y_{A0}G/M}r_{AW} \tag{5.4-B}$$

由式(5.6)有

$$F_T C_{pb}T_b=F_T C_{pb}(T_b+\mathrm{d}T_b)-(-\Delta H_r)R_A\mathrm{d}V_R+h_{ba}(T_b-T_a)m_t\pi d_a\mathrm{d}l$$

$$\frac{\mathrm{d}T_b}{\mathrm{d}l}=\frac{y_{A0}(-\Delta H_r)}{C_{pb}}\frac{\mathrm{d}X_A}{\mathrm{d}l}-\frac{4h_{ba}}{GC_{pb}d_a}(T_b-T_s) \tag{5.4-C}$$

令

$$A=\frac{\rho_b}{y_{A0}G/M}=\frac{0.8\times10^6}{1\times10^{-3}\times1870\times10^3/29}=1.241\times10^4$$

$$B=\frac{y_{A0}(-\Delta H_r)}{C_{pb}}=\frac{1\times10^{-3}\times20100\times128}{1.059\times29}=83.774(℃)$$

$$C=\frac{4h_{ba}}{GC_{pb}d_a}\quad C_1=\frac{4\times25\times29\times3600}{1870\times10^3\times1.059\times29\times0.025}=7.272\times10^{-3}$$

$$C_2=\frac{4\times10\times29\times3600}{1870\times10^3\times1.059\times29\times0.025}=2.909\times10^{-3}$$

以上 A、B 和 C 值视为常数，式(5.4-B)和式(5.4-C)可化简为

$$\frac{\mathrm{d}X_A}{\mathrm{d}l}=1.241\times10^4 r_{AW} \tag{5.4-D}$$

$$\frac{\mathrm{d}T_b}{\mathrm{d}l}=83.774\frac{\mathrm{d}X_A}{\mathrm{d}l}-C(T_b-T_s) \tag{5.4-E}$$

现将 3 m 高的催化剂层分为 10 段，每段高 Δl=0.3 m，用二次逼近法求解。式(5.4-E)中 C 用 C_1 的数值。

(1) 截面 0-0 处(床层进口)。

已知

$$T_{b0}=340℃, \quad X_{A0}=0$$

由式(5.4-A)求反应速率

$$(r_{AW})_0=2.426×10^{-6} \, [mol/(h·g)]$$

由式(5.4-D)求转化率的变化率

$$\left(\frac{dX_A}{dl}\right)_0 = 1.241×10^4 × 2.426×10^{-6} = 0.0301 \, (m^{-1})$$

由式(5.4-E)求温度的变化率

$$\left(\frac{dT_b}{dl}\right)_0 = 83.774×0.0301 - 7.271×10^{-3}(340-340) = 2.522 \, (℃/m)$$

(2) 截面 1-1 处。

由式(5.7)求 X_A 和 T_b 的一次逼近值

$$X'_{A1} = X_{A0} + \left(\frac{dX_A}{dl}\right)'_0 · \Delta l = 0 + 0.0301×0.3 = 0.00903$$

$$(T_b)'_1 = T_{b0} + \left(\frac{dT_b}{dl}\right)'_0 · \Delta l = 340 + 2.522×0.3 = 340.757(℃)$$

由式(5.4-A)求反应速率

$$(r_{AW})'_1=2.487×10^{-6} \, [mol/(h·g)]$$

由式(5.4-D)求转化率的变化率

$$\left(\frac{dX_A}{dl}\right)'_1 = 1.241×10^4 × 2.487×10^{-6} = 0.0309 \, (m^{-1})$$

由式(5.4-E)求温度的变化率

$$\left(\frac{dT_b}{dl}\right)'_1 = 83.774×0.0309 - 7.272×10^{-3}(340.757 - 340) = 2.583 \, (℃/m)$$

由式(5.8)求平均变化率

$$\left(\frac{dX_A}{dl}\right)_{0,1} = \frac{1}{2}\left[\left(\frac{dX_A}{dl}\right)_0 + \left(\frac{dX_A}{dl}\right)_1\right] = \frac{1}{2}(0.0301 + 0.0309) = 0.0305 \, (m^{-1})$$

$$\left(\frac{dT_b}{dl}\right)_{0,1} = \frac{1}{2}\left[\left(\frac{dT_b}{dl}\right)_0 + \left(\frac{dT_b}{dl}\right)_1\right] = \frac{1}{2}(2.522 + 2.583) = 2.553 \, (℃/m)$$

由式(5.7)求 X_A 和 T_b 的二次逼近值

$$X_{A1} = X_{A0} + \left(\frac{dX_A}{dl}\right)_{0,1} · \Delta l = 0 + 0.0305×0.3 = 0.00915$$

$$(T_b)_1 = T_{b0} + \left(\frac{dT_b}{dl}\right)_{0,1} \cdot \Delta l = 340 + 2.553 \times 0.3 = 340.766(℃)$$

由式(5.4-A)求反应速率

$$(r_{AW})_1 = 2.488 \times 10^{-6}\ [\text{mol/(h·g)}]$$

由式(5.4-D)求转化率的变化率

$$\left(\frac{dX_A}{dl}\right)_1 = 1.241 \times 10^4 \times 2.488 \times 10^{-6} = 0.0309\ (\text{m}^{-1})$$

由式(5.4-E)求温度的变化率

$$\left(\frac{dT_b}{dl}\right)_1 = 83.774 \times 0.0309 - 7.272 \times 10^{-3}(340.766 - 340) = 2.583\ (℃/\text{m})$$

(3) 截面 2-2 处。

由于此时床层轴向温度分布曲线是连续单调的，故可采用近似假定法计算。

由式(5.9)求平均变化率

$$\left(\frac{dX_A}{dl}\right)_{1,2} = \frac{3}{2}\left(\frac{dX_A}{dl}\right)_1 - \frac{1}{2}\left(\frac{dX_A}{dl}\right)_0 = \frac{3}{2} \times 0.0309 - \frac{1}{2} \times 0.0301 = 0.0313\ (\text{m}^{-1})$$

$$\left(\frac{dT_b}{dl}\right)_{1,2} = \frac{3}{2}\left(\frac{dT_b}{dl}\right)_1 - \frac{1}{2}\left(\frac{dT_b}{dl}\right)_0 = \frac{3}{2} \times 2.583 - \frac{1}{2} \times 2.522 = 2.614\ (℃/\text{m})$$

由式(5.7)求 X_A 和 T_b 的二次逼近值

$$X_{A2} = X_{A1} + \left(\frac{dX_A}{dl}\right)_{1,2} \cdot \Delta l = 0.00915 + 0.0313 \times 0.3 = 0.01854$$

$$(T_b)_2 = T_{b1} + \left(\frac{dT_b}{dl}\right)_{1,2} \cdot \Delta l = 340.766 + 2.614 \times 0.3 = 341.550\ (℃)$$

由式(5.4-A)求反应速率

$$(r_{AW})_2 = 2.553 \times 10^{-6}\ [\text{mol/(h·g)}]$$

由式(5.4-D)求转化率的变化率

$$\left(\frac{dX_A}{dl}\right)_2 = 1.241 \times 10^4 \times 2.553 \times 10^{-6} = 0.0317\ (\text{m}^{-1})$$

由式(5.4-E)求温度的变化率

$$\left(\frac{dT_b}{dl}\right)_2 = 83.774 \times 0.0317 - 7.272 \times 10^{-3}(341.550 - 340) = 2.644(℃/\text{m})$$

(4) 截面 3-3 处。

仍采用近似假定法计算。

由式(5.9)求平均变化率

$$\left(\frac{\mathrm{d}X_A}{\mathrm{d}l}\right)_{2,3} = \frac{3}{2}\left(\frac{\mathrm{d}X_A}{\mathrm{d}l}\right)_2 - \frac{1}{2}\left(\frac{\mathrm{d}X_A}{\mathrm{d}l}\right)_1 = \frac{3}{2}\times 0.0317 - \frac{1}{2}\times 0.0309 = 0.0321\,(\mathrm{m}^{-1})$$

$$\left(\frac{\mathrm{d}T_b}{\mathrm{d}l}\right)_{2,3} = \frac{3}{2}\left(\frac{\mathrm{d}T_b}{\mathrm{d}l}\right)_2 - \frac{1}{2}\left(\frac{\mathrm{d}T_b}{\mathrm{d}l}\right)_1 = \frac{3}{2}\times 2.644 - \frac{1}{2}\times 2.583 = 2.675\,(℃/\mathrm{m})$$

由式(5.7)求 X_A 和 T_b 的二次逼近值

$$X_{A3} = X_{A2} + \left(\frac{\mathrm{d}X_A}{\mathrm{d}l}\right)_{2,3}\cdot \Delta l = 0.01854 + 0.0321\times 0.3 = 0.02817$$

$$(T_b)_3 = T_{b2} + \left(\frac{\mathrm{d}T_b}{\mathrm{d}l}\right)_{2,3}\cdot \Delta l = 341.550 + 2.675\times 0.3 = 342.353\,(℃)$$

由式(5.4-A)求反应速率

$$(r_{AW})_3 = 2.620\times 10^{-6}\,[\mathrm{mol}/(\mathrm{h}\cdot\mathrm{g})]$$

由式(5.4-D)求转化率的变化率

$$\left(\frac{\mathrm{d}X_A}{\mathrm{d}l}\right)_3 = 1.241\times 10^4 \times 2.620\times 10^{-6} = 0.0325\,(\mathrm{m}^{-1})$$

由式(5.4-E)求温度的变化率

$$\left(\frac{\mathrm{d}T_b}{\mathrm{d}l}\right)_3 = 83.774\times 0.0325 - 7.272\times 10^{-3}(342.353 - 340) = 2.706\,(℃/\mathrm{m})$$

式(5.4-E)中 C 用 C_2 的数值，由上述计算过程重新计算，结果列于下表。

	X_A	T_b	r_{AW}	$(\mathrm{d}X_A/\mathrm{d}l)_j$	$(\mathrm{d}T/\mathrm{d}l)_j$	$(\mathrm{d}X_A/\mathrm{d}l)_m$	$(\mathrm{d}T/\mathrm{d}l)_m$
截面 0-0	0	340	2.426×10^{-6}	0.0301	2.5		
截面 1-1	0.0090(一次逼近)	340.757(一次逼近)	2.487×10^{-6}	0.0309	2.584	0.0305	2.553
	0.0091	340.766	2.488×10^{-6}	0.0309	2.584	0.0313	2.616
截面 2-2	0.0185	341.551	2.553×10^{-6}	0.0317	2.650	0.0321	2.682
截面 3-3	0.0281	342.355	2.621×10^{-6}	0.0325	2.718	0.0329	2.752

由以上两组传热系数计算得出的结论：传热系数的改变对床层轴向温度分布不很明显。

5.5 1-丁醇催化脱水反应为表面化学反应控制，初速率式为 $r_0 = kK_A f/(1+K_A f)^2$，$\mathrm{mol}/(\mathrm{h}\cdot\mathrm{g}_{\mathrm{cat}})$，$f$ 为 1-丁醇的逸度。试由下表中的实验数据求常数 k 和 K_A。

$r_0/[\mathrm{mol}/(\mathrm{h}\cdot\mathrm{g}_{\mathrm{cat}})]$	0.27	0.51	0.76	0.76	0.52
p/atm	15	465	915	3485	7315
f/p	1.00	0.88	0.74	0.43	0.46

【解】 将题中的初速率式变形得

$$1 + K_A f = \sqrt{\frac{kK_A f}{r_0}} \quad \Rightarrow \quad f = \sqrt{\frac{k}{K_A}} \cdot \sqrt{\frac{f}{r_0}} - \frac{1}{K_A}$$

令 $y=f$，$x = \sqrt{f/r_0}$，则有 $y = \sqrt{\frac{k}{K_A}} \cdot x - \frac{1}{K_A}$，又由已知数据计算 x 和 y 值，结果如下

$r_0/[\mathrm{mol/(h \cdot g_{cat})}]$	0.27	0.51	0.76	0.76	0.52
p/atm	15	465	915	3485	7315
f/p	1	0.88	0.74	0.43	0.46
$x = \sqrt{f/r_0}$	7.454	28.326	29.848	44.405	80.442
$y=f/\mathrm{atm}$	15	409.2	677.1	1498.55	3364.9

用 Excel 回归出 $x = \sqrt{f/r_0}$、$y=f$ 两组数据对应的方程如图 5.5-A 所示。由图可知，方程为

$$y = 48.343x - 648.68, \quad R^2 = 0.9692$$

斜率

$$\sqrt{\frac{k}{K_A}} = 48.343 \tag{5.5-A}$$

截距

$$\frac{1}{K_A} = 648.68 \tag{5.5-B}$$

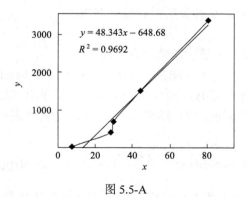

图 5.5-A

解式(5.5-A)和式(5.5-B)得

$$K_A = 1.542 \times 10^{-3}, \quad k = 3.604$$

5.5 练 习 题

【5.1】 在 $T\text{-}X_A$ 图上,虚线为平衡温度曲线,实线为最佳温度曲线,ABC 线为等转化率线,指出最大速率点和最小速率点。DEF 线为等温线,指出最大速率点和最小速率点。

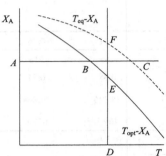

答案:在 ABC 线上,B 为最大速率点,C 为最小速率点;在 DEF 线上,E 为最大速率点,F 为最小速率点。

【5.2】 在绝热式固定床反应器中进行气固催化反应 A ——→ 4L。现有微分反应器中测得的速率与浓度数据:

$c_A/(\text{mol/L})$	0.039	0.057	0.075	0.092
$r_A/[\text{mol/(h·kg}_{cat})]$	3.4	5.4	7.6	9.1

若原料气的处理量为 2000 mol(A)/h,进口浓度 c_{A0}=0.1 mol/L。要求反应气出口组分 A 的转化率为 0.35。试计算所需的催化剂量。

答案:147 kg。

【5.3】 在铝催化剂上进行乙腈的合成反应

$$C_2H_2+NH_3 \longrightarrow CH_3CN+H_2+92.14 \text{ kJ}$$

设原料气的体积比为 $C_2H_2 : NH_3 : H_2 = 1 : 2.2 : 1$。采用三段绝热式反应器,段间间接冷却,使各段出口温度均为 550℃,每段入口温度也相同,其反应速率方程可近似表示为

$$r_A = 3.08 \times 10^4 \exp\left(-\frac{7960}{T}\right)(1-X_A) \quad \text{kmol/(g}_{cat}\cdot\text{h)}$$

流体的平均热容为 128 J/(mol·K)。若要求乙腈的转化率为 92%,且日产乙腈 20 t,求各段的催化剂量。

答案:W_1=5.744 kg,W_2=9.058 kg,W_3=23.087 kg,W=37.89 kg。

【5.4】 常压下,在反应管内径为 25.4 mm 的列管式固定床反应器中进行邻二

甲苯氧化制邻苯二甲酸酐的反应。使用的钒催化剂粒度为 3 mm,堆密度为 1.3 g/cm³。原料气中邻二甲苯浓度为 1.7%,其余为空气。由于空气大量过剩,可按一级反应处理,即邻二甲苯的转化速率可表示为:$r_A = k p_{B0} p_A$ kmol/(h·kg$_{cat}$),而 p_{B0} 为氧的起始分压,等于 0.208 atm,p_A 为邻二甲苯的分压。反应速率常数 k 与温度的关系如下

$$k = 4.12\times10^8 \exp(-13636/T) \qquad \text{kmol/(h·atm}^2\text{·kg}_{cat}) \qquad (5.4\text{-}1)$$

原料气的质量流速 G=4655 kg/(m²·h),平均比热 $\bar{C}_p$ =0.237 kcal/(kg·K),反应热 $(-\Delta H_r)$=307000 kcal/kmol,进料温度 352℃。催化剂管外用温度为 352℃ 的熔融盐冷却。总传热系数 K = 82.7 kcal/(m²·h)。试按一维模型计算床层高度 1 m 处邻二甲苯的浓度及床层温度的轴向分布。

提示:对床层作邻二甲苯的物料衡算得

$$-G dW_A /d l = \rho_b r_A M_A \qquad (5.4\text{-}2)$$

而反应气体中邻二甲苯的质量分数与分压的关系为

$$W_A = p_A M_A /p M_m \qquad (5.4\text{-}3)$$

其中,M_m 为反应气体的平均相对分子质量。由于反应气体中空气大量过剩,因此平均相对分子质量可视为常数,取 M_m=30.3,操作压力 p=1 atm。

答案:1 m 处邻二甲苯的浓度为 0.963%,温度为 369.8℃。

【5.5】 600℃ 等温下在实验室进行气固催化反应

$$C_6H_5CH_3(A)+H_2(B) \longrightarrow C_6H_6(L)+CH_4(M)$$

所测数据列于下表

序号	$r_A\times10^{10}$/[mol/(g·s)]	p_A	p_B	p_L	p_M	$p_A p_B/r_A\times10^{-8}$
1	41.6	1	1	1	0	2.40
2	18.5	1	1	4	0	5.40
3	71	1	1	0	0	1.41
4	284	1	4	0	0	1.41
5	47	0.5	1	0	0	1.06
6	117	5	1	0	0	4.27
7	127	10	1	0	0	7.87
8	131	15	1	0	0	11.45
9	133	20	1	0	0	15.03

通过模型筛选,该反应速率方程为

$$r_A = \frac{k K_A p_A p_B}{1 + K_A p_A + K_L p_L} \qquad (5.5\text{-}1)$$

试计算动力学参数 k、K_A、K_L。

答案:k = 1.41×10⁻⁸ mol/(g·s·MPa),K_A=1.01 MPa,K_L=1.45 MPa。

第6章 气固相流化床催化反应器

6.1 内 容 框 架

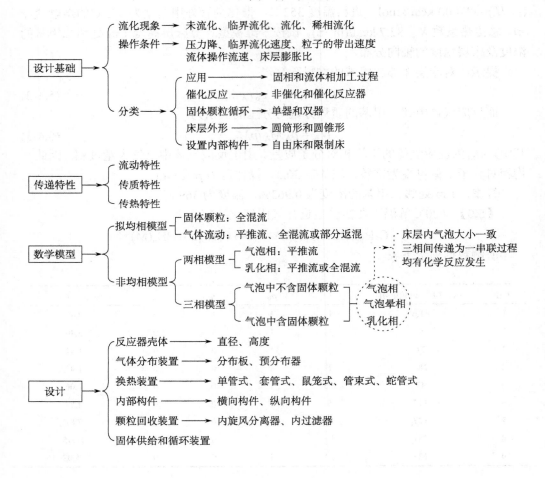

6.2 知 识 要 点

6-1 了解流化现象、流化操作条件和流化床分类。

6-2 了解流化床的流动特性。

6-3 了解流化床的设计方法和数学模型。

6-4 了解气体分布板类型、换热器类型、内部构件类型。

6-5　熟悉流化床反应器的设计。

6.3　主　要　公　式

临界流化速度(小颗粒)

$$u_{mf} = \frac{(\rho_s - \rho_f)gd_p^2}{1650\mu} \quad (Re_{mf} < 20) \tag{6.1}$$

临界流化速度(大颗粒)

$$u_{mf} = \left[\frac{(\rho_s - \rho_f)gd_p}{24.5\rho_f}\right]^{1/2} \quad (Re_{mf} > 1000) \tag{6.2}$$

(修正)雷诺数

$$Re_m = \frac{d_s\rho_f u_0}{\mu}\frac{1}{1-\varepsilon_b} \quad \text{或} \quad Re = \frac{d\rho_f u}{\mu} \tag{6.3}$$

带出速度(层流 $Re < 0.4$)

$$u_t = \frac{(\rho_s - \rho_f)gd_p^2}{18\mu} \tag{6.4}$$

带出速度(过渡流 $0.4 < Re < 500$)

$$u_t = \left[\frac{4}{225}\frac{(\rho_s - \rho_f)^2 g^2}{\rho_f\mu}\right]^{1/3} d_p \tag{6.5}$$

带出速度(湍流 $500 < Re < 2\times10^5$)

$$u_t = \left[\frac{3.1(\rho_s - \rho_f)gd_p}{\rho_f}\right]^{1/2} \tag{6.6}$$

气泡上升速度

$$u_{br} = 22.26d_b^{1/2} \tag{6.7}$$

气泡云及气泡的半径

$$\left(\frac{R_c}{R_b}\right)^2 = \frac{u_{br} + 2u_f}{u_{br} - u_f} \tag{6.8}$$

气泡晕厚度

$$\delta_c = R_c - R_b \tag{6.9}$$

气泡晕中粒子体积与气泡体积之比

$$\gamma_c = (1-\varepsilon_{mf})\left[\frac{3u_{mf}/\varepsilon_{mf}}{0.711(gd_b)^{1/2} - u_{mf}/\varepsilon_{mf}} + \frac{V_w}{V_b}\right] \tag{6.10}$$

乳化相中粒子体积与气泡体积之比

$$\gamma_e = (1 - \varepsilon_{mf})\frac{1-\delta_b}{\delta_b} - (\gamma_c + \gamma_b) \tag{6.11}$$

尾涡与气泡体积之比

$$\alpha_w = \frac{V_w}{V_b} \tag{6.12}$$

气泡云与气泡体积之比

$$\alpha_c = \frac{V_c}{V_b} \tag{6.13}$$

气泡晕与气泡体积之比

$$\alpha = \alpha_w + \alpha_c = \frac{V_w + V_c}{V_b} \tag{6.14}$$

尾涡体积所占分数

$$f_w = \frac{V_w}{V_w + V_b} = \frac{\alpha_w}{1 + \alpha_w} \tag{6.15}$$

气泡上升绝对速度

$$u_b = u_f - u_{mf} + 0.711(gd_b)^{1/2} \tag{6.16}$$

气泡体积分数

$$\delta_b = \frac{L_f - L_{mf}}{L_f} = \frac{u_f - u_{mf}}{u_b} \tag{6.17}$$

气泡直径线性关系式

$$d_b = al + d_{b0} \tag{6.18}$$

系数

$$a = 1.4d_p\rho_s u_f/u_{mf} \tag{6.19}$$

离开分布板时的起始气泡直径

$$d_{b0} = 0.327[A_R(u_f - u_{mf})/N]^{0.4}\text{(多孔板)} \tag{6.20}$$

气泡与气泡晕间交换系数

$$K_{bc} = 4.5\left(\frac{u_{mf}}{d_b}\right) + 5.85\left(\frac{D_e^{1/2}g^{1/4}}{d_b^{5/4}}\right) \tag{6.21}$$

气泡晕与乳化相间交换系数

$$K_{ce} = 6.78\left(\frac{\varepsilon_{mf}D_e u_b}{d_b^3}\right)^{1/2} \tag{6.22}$$

气泡与乳化相间交换系数

$$\frac{1}{K_{be}} \approx \frac{1}{K_{bc}} + \frac{1}{K_{ce}} \tag{6.23}$$

物料衡算微分方程

$$L_f^2(1-Z)\frac{\mathrm{d}^2 c_{Ab}}{\mathrm{d}l^2} + L_f(Y+X)\frac{\mathrm{d}c_{Ab}}{\mathrm{d}l} + YXc_{Ab} = 0 \tag{6.24}$$

$$Z = 1 - \frac{u_{mf}}{u_f} \tag{6.25}$$

$$Y = \frac{kL_{mf}}{u_f} = \frac{k_W pW}{F} \tag{6.26}$$

$$X = \frac{6.34L_0}{d_b(gd_b)^{0.5}}\left[u_{mf} + 1.3D^{0.5}\left(\frac{g}{d_b}\right)^{0.25}\right] \tag{6.27}$$

气泡直径

$$d_b = \frac{1}{g}\left(\frac{L_{mf}}{L_f - L_{mf}}\frac{u_f - u_{mf}}{0.711}\right)^2 \tag{6.28}$$

乳化相为全混流时 c_{AL} 的关系式

$$\frac{c_{AL}}{c_{A0}} = Ze^{-X} + \frac{(1-Ze^{-X})^2}{Y+1-Ze^{-X}} \tag{6.29}$$

式(6.24)特征方程的根

$$\lambda_{1,2} = \frac{(X+Y)\pm\sqrt{(X+Y)^2 - 4(1-Z)YX}}{2L_f(1-Z)} \tag{6.30}$$

乳化相为平推流时 c_{AL} 的关系式

$$\frac{c_{AL}}{c_{A0}} = \frac{1}{\lambda_1 - \lambda_2}\left[\lambda_1\left(1 - \frac{u_{mf}}{u_f}\frac{L_f}{X}\lambda_2\right)e^{-\lambda_2 L_f} - \lambda_2\left(1 - \frac{u_{mf}}{u_f}\frac{L_f}{X}\lambda_1\right)e^{-\lambda_1 L_f}\right] \tag{6.31}$$

气泡中不含固体颗粒的总反应速率常数

$$k_f = \left[\frac{1}{K_{bc}} + \left(\gamma_c k + \left(\frac{1}{K_{ce}} + \frac{1}{\gamma_e k}\right)^{-1}\right)^{-1}\right]^{-1} \tag{6.32}$$

气泡中含固体颗粒的总反应速率常数

$$k_f = \gamma_b k + \left[\frac{1}{K_{bc}} + \left(\gamma_c k + \left(\frac{1}{K_{ce}} + \frac{1}{\gamma_e k}\right)^{-1}\right)^{-1}\right]^{-1} \tag{6.33}$$

有垂直管束的床层膨胀比

$$R = \frac{0.517}{1 - 0.67\left(\dfrac{u_0}{100}\right)^{0.114}} \tag{6.34}$$

床层膨胀比

$$R = \frac{L_f}{L_{mf}} = \frac{1-\varepsilon_{mf}}{1-\varepsilon_f} = \frac{\rho_{mf}}{\rho_f} \text{ 或 } R = \frac{L_f}{L_0} \tag{6.35}$$

床层中气体反应物的转化率

$$X_A = 1 - \exp(-k_f \tau_b) \tag{6.36}$$

床层压降

$$\Delta p = L_{mf}(1-\varepsilon_{mf})(\rho_s-\rho_f)\,g = L_f(1-\varepsilon_f)(\rho_s-\rho_f)\,g \tag{6.37}$$

分布板小孔气速

$$u_{or} = C_d' \left(\frac{2g\Delta p_d}{\rho_g} \right)^{1/2} \tag{6.38}$$

分布板上的开孔率

$$\varphi = u_0/u_{or} \tag{6.39}$$

单位面积分布板上的开孔数

$$N_{or} = \left(\frac{\pi}{4} d_{or}^2 \right)^{-1} \frac{u_0}{u_{or}} = \left(\frac{\pi}{4} d_{or}^2 \right)^{-1} \varphi \tag{6.40}$$

计算过程中涉及的尾涡体积与颗粒直径之间的关系、自由床层膨胀的关联曲线、床径与分离高度 H 的关系、分布板小孔的阻力系数与雷诺数关系如图 6.1~图 6.4 所示。

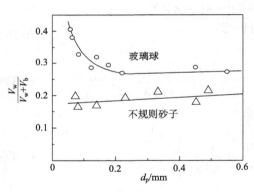

图 6.1　尾涡体积与颗粒直径的关系　　　　图 6.2　床层膨胀关联曲线

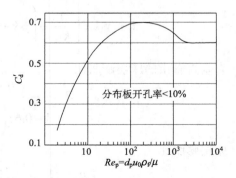

图 6.3　分离空间高度估算图　　　　图 6.4　锐孔阻力系数

6.4　习　题　解　答

6.1　某厂设计一年产 2000 t 的丙烯腈装置，采用流化床反应器。若反应温度为 470℃，反应气体密度和黏度分别为 0.76 kg/m³ 和 4×10⁻⁴ g/(cm·s)，催化剂颗粒粒度范围为 50～295 μm，平均直径为 0.185 mm，颗粒密度为 2.6 g/cm³，临界流化床空隙率为 0.55。试计算：(1) 临界流化速度；(2) 带出速度；(3) 选择操作速度。

【解】　(1) 计算临界流化速度。

假设床层为小颗粒，则

$$Re_m < 20$$

由式(6.1)求临界流化速度

$$u_{mf} = \frac{(\rho_s - \rho_f)gd_p^2}{1650\mu} = \frac{(2.6 - 0.76\times10^{-3})\times980.7\times(0.0185)^2}{1650\times4\times10^{-4}} = 1.322\,(\text{cm/s})$$

由式(6.3)校核修正雷诺数 Re_m

$$Re_m = \frac{d_s\rho_f u_{mf}}{\mu}\frac{1}{1-\varepsilon_{mf}} = \frac{0.0185\times1.322\times0.76\times10^{-3}}{4\times10^{-4}}\frac{1}{1-0.55} = 0.103 < 20$$

(2) 计算带出速度。

对于均匀空隙率床层，夹带首先发生在床层顶部，以最小颗粒直径计算较为可靠。

假设床层流型为层流，则

$$Re < 0.4$$

由式(6.4)求带出速度

$$u_t = \frac{(\rho_s - \rho_f)gd_p^2}{18\mu} = \frac{(2.6 - 0.76\times10^{-3})\times980.7\times(50\times10^{-4})^2}{18\times4\times10^{-4}} = 8.851\,(\text{cm/s})$$

由式(6.3)校核修正雷诺数 Re_m

$$Re_m = \frac{d_s\rho_f u_t}{\mu}\frac{1}{1-\varepsilon_{mf}} = \frac{50\times10^{-4}\times0.76\times10^{-3}\times8.851}{4\times10^{-4}}\frac{1}{1-0.55} = 0.187 < 0.4$$

(3) 选择操作速度。

上述条件下，如果反应器中不装旋风分离器，操作速度应在 1.322~8.851 cm/s 选择，但装有挡板及旋风分离器的反应器，不以最小颗粒的带出速度为上限，操作速度往往取得较大，以利于流化及传热。

6.2　一细粒流化床层，已知其临界流化速度为 4.5 cm/s，临界流化床空隙率为 0.5。若气体以直径为 7 cm 的气泡上升，试求气泡的上升速度及气泡晕的厚度。

【解】　(1) 计算气泡上升速度。

由式(6.7)计算气泡上升速度

$$u_{\mathrm{br}} = 22.26 d_{\mathrm{b}}^{1/2} = 22.26 \times 7^{1/2} = 58.894\,(\mathrm{cm/s})$$

乳化相中气体向上的速度为

$$u_{\mathrm{f}} = \frac{u_{\mathrm{mf}}}{\varepsilon_{\mathrm{mf}}} = \frac{4.5}{0.5} = 9\,(\mathrm{cm/s})$$

(2) 计算气泡晕的厚度。

由式(6.8)计算气泡晕的半径

$$R_{\mathrm{c}} = R_{\mathrm{b}} \left(\frac{u_{\mathrm{br}} + 2u_{\mathrm{f}}}{u_{\mathrm{br}} - u_{\mathrm{f}}} \right)^{0.5} = 3.5 \times \left(\frac{58.894 + 2 \times 9}{58.894 - 9} \right)^{0.5} = 4.345\,(\mathrm{cm})$$

由式(6.9)计算气泡晕的厚度

$$\delta_{\mathrm{c}} = R_{\mathrm{c}} - R_{\mathrm{b}} = 4.345 - 3.5 = 0.845\,(\mathrm{cm})$$

6.3　某一流化床中催化剂为光滑的球形颗粒,平均直径为 100 μm,临界流化状态 u_{mf}=0.4 cm/s,$\varepsilon_{\mathrm{mf}}$=0.5,若 d_{b}=3.5 cm,γ_{b}=0.01,试估算在流速为 20 cm/s、30 cm/s、40 cm/s 下,固体颗粒在乳化相、气泡相中的分布情况。

【解】　先以流速为 20 cm/s 计算固体颗粒在乳化相、气泡相中的分布情况。

由式(6.10)计算气泡晕中粒子体积与气泡体积之比

$$\gamma_{\mathrm{c}} = (1 - \varepsilon_{\mathrm{mf}}) \frac{V_{\mathrm{c}} + V_{\mathrm{w}}}{V_{\mathrm{b}}} = (1 - \varepsilon_{\mathrm{mf}}) \left[\frac{3 u_{\mathrm{mf}} / \varepsilon_{\mathrm{mf}}}{0.711 (g d_{\mathrm{b}})^{1/2} - u_{\mathrm{mf}} / \varepsilon_{\mathrm{mf}}} + \frac{V_{\mathrm{w}}}{V_{\mathrm{b}}} \right] \qquad (6.3\text{-}A)$$

由图 6.1 对应平均直径为 0.1 mm 查得

$$\frac{V_{\mathrm{w}}}{V_{\mathrm{w}} + V_{\mathrm{b}}} = 0.32$$

由式(6.12)计算尾涡与气泡体积之比

$$\alpha_{\mathrm{w}} = \frac{V_{\mathrm{w}}}{V_{\mathrm{b}}} = \frac{0.32}{1 - 0.32} = 0.471$$

将已知条件代入式(6.3-A)得

$$\gamma_{\mathrm{c}} = (1 - 0.5) \left[\frac{3 \times 0.4 / 0.5}{0.711 (980.7 \times 3.5)^{1/2} - 0.4 / 0.5} + 0.471 \right]$$
$$= (1 - 0.5)(0.059 + 0.471) = 0.265$$

由式(6.16)计算气泡上升绝对速度

$$u_{\mathrm{b}} = u_{\mathrm{f}} - u_{\mathrm{mf}} + 0.711 (g d_{\mathrm{b}})^{1/2}$$
$$= 20 - 0.4 + 0.711 (980.7 \times 3.5)^{1/2} = 61.255\,(\mathrm{cm/s})$$

由式(6.17)计算气泡体积分数

$$\delta_{\mathrm{b}} = \frac{u_{\mathrm{f}} - u_{\mathrm{mf}}}{u_{\mathrm{b}}} = \frac{20 - 0.4}{61.255} = 0.32$$

由式(6.11)计算乳化相中粒子体积与气泡体积之比

$$\gamma_e = (1 - \varepsilon_{mf})\frac{1 - \delta_b}{\delta_b} - (\gamma_c + \gamma_b)$$

$$= (1 - 0.5)\frac{1 - 0.32}{0.32} - (0.265 + 0.01) = 0.788$$

同理计算其他流速下的各参数值，结果如下

u_f/(cm/s)	20	30	40
γ_c	0.265	0.265	0.265
u_b/(cm/s)	61.255	71.255	81.255
δ_b	0.32	0.415	0.487
γ_e	0.788	0.430	0.252

6.4　一流化床直径 1.6 m，设置多孔分布板(孔数 1350)，已知空床气速为 24 cm/s，u_{mf}=1.2 cm/s，ε_{mf}=0.45，催化剂粒径 d_p=150 μm，密度 ρ_p=2.5 g/cm^3，气体在乳化相中扩散系数 D_e=0.95 cm^2/s，L_f= 2.5 m。试计算在床高 0.4 m 和 1 m 处气泡和乳化相间的交换系数。

【解】　首先求操作条件下对应床层高度处气泡直径。

由线性关系式(6.18)计算气泡直径 d_b

$$d_b = al + d_{b0} \tag{6.4-A}$$

由式(6.19)计算式(6.4-A)中的 a

$$a = 1.4d_p\rho_s u_f/u_{mf} = 1.4 \times 150 \times 10^{-4} \times 2.5 \times 24/1.2 = 1.05$$

对多孔板，由式(6.20)计算式(6.4-A)中的 d_{b0}

$$d_{b0} = 0.327[A_R(u_f - u_{mf})/N]^{0.4} = 0.327[0.785 \times 160^2 \times (24 - 1.2)/1350]^{0.4} = 3.364(cm)$$

将 a 和 d_{b0} 代入式(6.4-A)有

$$d_b = 1.05l + 3.364 \tag{6.4-B}$$

当 l=0.4 m 时，由式(6.4-B)得

$$d_{b1} = 1.05 \times 40 + 3.364 = 45.364(cm)$$

当 l=1 m 时，由式(6.4-B)得

$$d_{b2} = 1.05 \times 100 + 3.364 = 108.364(cm)$$

由式(6.16)计算气泡上升绝对速度

$$u_b = u_f - u_{mf} + 0.711(gd_b)^{1/2}$$

$$u_{b1} = 24 - 1.2 + 0.711(980.7 \times 45.364)^{1/2} = 172.766(cm/s)$$

$$u_{b2} = 24 - 1.2 + 0.711(980.7 \times 108.364)^{1/2} = 254.582(cm/s)$$

由式(6.21)计算气泡与泡晕间交换系数

$$K_{bc} = 4.5\left(\frac{u_{mf}}{d_b}\right) + 5.85\left(\frac{D_e^{1/2}g^{1/4}}{d_b^{5/4}}\right)$$

$$(K_{bc})_{b1} = 4.5\left(\frac{1.2}{45.364}\right) + 5.85\left(\frac{0.95^{1/2}\times980.7^{1/4}}{45.364^{5/4}}\right) = 0.39\,(s^{-1})$$

$$(K_{bc})_{b2} = 4.5\left(\frac{1.2}{108.364}\right) + 5.85\left(\frac{0.95^{1/2}\times980.7^{1/4}}{108.364^{5/4}}\right) = 0.141\,(s^{-1})$$

由式(6.22)计算气泡晕与乳化相间交换系数

$$K_{ce} = 6.78\left(\frac{\varepsilon_{mf}D_e u_b}{d_b^3}\right)^{1/2}$$

$$(K_{ce})_{b1} = 6.78\left(\frac{0.45\times0.95\times172.766}{45.364^3}\right)^{1/2} = 0.191\,(s^{-1})$$

$$(K_{ce})_{b2} = 6.78\left(\frac{0.45\times0.95\times254.582}{108.364^3}\right)^{1/2} = 0.063\,(s^{-1})$$

由式(6.23)计算气泡与乳化相间交换系数

$$\frac{1}{K_{be}} \approx \frac{1}{K_{bc}} + \frac{1}{K_{ce}}$$

$$\frac{1}{(K_{be})_{b1}} \approx \frac{1}{0.39} + \frac{1}{0.191} = 7.800$$

$$(K_{be})_{b1} = 0.1282\,(s^{-1})$$

$$\frac{1}{(K_{be})_{b2}} \approx \frac{1}{0.141} + \frac{1}{0.063} = 22.965$$

$$(K_{be})_{b2} = 0.0435\,(s^{-1})$$

6.5 在一自由床流化床中进行等温一级裂解反应 A $\longrightarrow$ L+M，反应总压 1 atm，k_w=5.0×10⁻⁴ mol/(g 催化剂·h·atm)。又已知 L_{mf}=3 m，u_{mf}=12.5 cm/s，ε_{mf}=0.5，L_f=3.4 m，空床流速 25 cm/s；催化剂总装填量 16.8×10³ kg，密度为 1.90 g/cm³，堆密度为 0.760 g/cm³；气体进料流量为 1.0×10⁵ mol/h，密度为 1.4×10⁻³ g/cm³，黏度为 1.4×10⁻⁵ Pa·s，有效扩散系数 D_e=0.120 cm²/s。试用两相模型计算反应的转化率。

【解】 由两相流的物料衡算式(6.24)知

$$L_f^2(1-Z)\frac{d^2c_{Ab}}{dl^2} + L_f(Y+X)\frac{dc_{Ab}}{dl} + YXc_{Ab} = 0 \tag{6.5-A}$$

由式(6.25)计算式(6.5-A)中的 Z

$$Z = 1 - \frac{u_{mf}}{u_f} = 1 - \frac{12.5}{25} = 0.5$$

由式(6.26)计算式(6.5-A)中的 Y

$$Y = \frac{k_{\mathrm{W}} p W}{F} = \frac{5.0 \times 10^{-4} \times 1 \times 16.8 \times 10^{6}}{1.0 \times 10^{5}} = 0.084$$

由式(6.28)计算气泡直径

$$d_{\mathrm{b}} = \frac{1}{g}\left(\frac{L_{\mathrm{mf}}}{L_{\mathrm{f}} - L_{\mathrm{mf}}} \frac{u_{\mathrm{f}} - u_{\mathrm{mf}}}{0.711} \right)^{2}$$

$$= \frac{1}{980.7}\left(\frac{300}{340 - 300} \frac{25 - 12.5}{0.711} \right)^{2} = 17.728\,(\mathrm{cm})$$

由式(6.27)计算式(6.5-A)中的 X

$$X = \frac{6.34 L_{0}}{d_{\mathrm{b}}(g d_{\mathrm{b}})^{0.5}}\left[u_{\mathrm{mf}} + 1.3 D^{0.5}\left(\frac{g}{d_{\mathrm{b}}} \right)^{0.25} \right]$$

$$= \frac{6.34 \times 300}{17.728(980.7 \times 17.728)^{0.5}}\left[12.5 + 1.3 \times 0.12^{0.5}\left(\frac{980.7}{17.728} \right)^{0.25} \right] = 11.17$$

当乳化相为全混流时，由出口浓度关系式(6.29)得

$$\frac{c_{\mathrm{AL}}}{c_{\mathrm{A0}}} = Z\mathrm{e}^{-X} + \frac{(1 - Z\mathrm{e}^{-X})^{2}}{Y + 1 - Z\mathrm{e}^{-X}}$$

$$= 0.5\mathrm{e}^{-11.17} + \frac{(1 - 0.5\mathrm{e}^{-11.17})^{2}}{0.084 + 1 - 0.5\mathrm{e}^{-11.17}} = 0.9225$$

$$X_{\mathrm{A}} = 1 - \frac{c_{\mathrm{AL}}}{c_{\mathrm{A0}}} = 1 - 0.9225 = 7.75\%$$

当乳化相为平推流时，由式(6.30)求特征方程的根

$$\lambda_{1,2} = \frac{(X + Y) \pm \sqrt{(X + Y)^{2} - 4(1 - Z)YX}}{2 L_{\mathrm{f}}(1 - Z)}$$

$$= \frac{(11.17 + 0.084) \pm \sqrt{(11.17 + 0.084)^{2} - 4(1 - 0.5)0.084 \times 11.17}}{2 \times 340(1 - 0.5)}$$

$$\lambda_{1} = 6.595 \times 10^{-2}, \quad \lambda_{2} = 2.461 \times 10^{-4}$$

由式(6.31)计算出口浓度

$$\frac{c_{\mathrm{AL}}}{c_{\mathrm{A0}}} = \frac{1}{\lambda_{1} - \lambda_{2}}\left[\lambda_{1}\left(1 - \frac{u_{\mathrm{mf}}}{u_{\mathrm{f}}} \frac{L_{\mathrm{f}}}{X} \lambda_{2} \right)\mathrm{e}^{-\lambda_{2} L_{\mathrm{f}}} - \lambda_{2}\left(1 - \frac{u_{\mathrm{mf}}}{u_{\mathrm{f}}} \frac{L_{\mathrm{f}}}{X} \lambda_{1} \right)\mathrm{e}^{-\lambda_{1} L_{\mathrm{f}}} \right]$$

$$= \frac{6.595 \times 10^{-2}\left(1 - \frac{12.5}{25} \frac{340}{11.17} 2.461 \times 10^{-4} \right)\mathrm{e}^{-2.461 \times 10^{-4} \times 340}}{6.595 \times 10^{-2} - 2.461 \times 10^{-4}}$$

$$- \frac{2.461 \times 10^{-4}\left(1 - \frac{12.5}{25} \frac{340}{11.17} 6.595 \times 10^{-2} \right)\mathrm{e}^{-6.595 \times 10^{-2} \times 340}}{6.595 \times 10^{-2} - 2.461 \times 10^{-4}}$$

$$= 0.9197$$

$$X_A = 1 - \frac{c_{AL}}{c_{A0}} = 1 - 0.9197 = 8.03\%$$

可见，采用两种不同流型计算的结果相近。

6.6 在一内径为 2 m 的流化床中，进行某一级不可逆反应，k=0.8 s^{-1}。已知催化剂装填高度 2.2 m，ε_b=0.45，ε_{mf}=0.50，u_{mf}=0.03 m/s，空床流速 0.3 m/s；气体分子扩散系数 D=0.2 cm^2/s。设代表气泡直径为 20 cm，气泡体积分数 γ_b=0.003，尾涡与气泡体积之比 α_w=0.33。试用鼓泡床模型求该反应器出口转化率。

【解】 首先计算流化数 F_n

$$F_n = \frac{u_f}{u_{mf}} = \frac{0.3}{0.03} = 10 > 6$$

故可以用鼓泡床模型进行设计。

由式(6.21)计算气泡与泡晕间的交换系数

$$K_{bc} = 4.5\left(\frac{u_{mf}}{d_b}\right) + 5.85\left(\frac{D_e^{1/2} g^{1/4}}{d_b^{5/4}}\right) = \frac{4.5 \times 3}{20} + \frac{5.85 \times 0.2^{1/2} \times 980.7^{1/4}}{20^{5/4}} = 1.021(\text{s}^{-1})$$

由式(6.16)计算气泡上升绝对速度

$$u_b = u_f - u_{mf} + 0.711(g d_b)^{1/2} = 30 - 3 + 0.711(980.7 \times 20)^{1/2} = 126.576 \ (\text{cm}/\text{s})$$

由式(6.22)计算气泡晕与乳化相间的交换系数

$$K_{ce} = 6.78\left(\frac{\varepsilon_{mf} D_e u_b}{d_b^3}\right)^{1/2} = 6.78\left(\frac{0.5 \times 0.2 \times 126.576}{20^3}\right)^{1/2} = 0.27 \ (\text{s}^{-1})$$

由式(6.17)计算气泡体积分数

$$\delta_b \doteq \frac{u_f - u_{mf}}{u_b} = \frac{30 - 3}{126.576} = 0.213$$

由式(6.10)计算气泡晕中粒子体积与气泡体积之比

$$\gamma_c = (1 - \varepsilon_{mf})\left[\frac{3 u_{mf}/\varepsilon_{mf}}{0.711(g d_b)^{1/2} - u_{mf}/\varepsilon_{mf}} + \frac{V_w}{V_b}\right]$$

$$= (1 - 0.5)\left[\frac{3 \times 3/0.5}{0.711(980.7 \times 20)^{1/2} - 3/0.5} + 0.33\right] = 0.261$$

由式(6.11)计算乳化相中粒子体积与气泡体积之比

$$\gamma_e = \frac{(1 - \varepsilon_{mf})(1 - \delta_b)}{\delta_b} - \gamma_b - \gamma_c$$

$$= \frac{(1 - 0.5)(1 - 0.213)}{0.213} - 0.003 - 0.261 = 1.583$$

由式(6.33)计算气泡中含固体颗粒的总反应速率常数

$$k_{\mathrm{f}} = \gamma_{\mathrm{b}}k + \left[\frac{1}{K_{\mathrm{bc}}} + \left(\gamma_{\mathrm{c}}k + \left(\frac{1}{K_{\mathrm{ce}}} + \frac{1}{\gamma_{\mathrm{e}}k}\right)^{-1}\right)^{-1}\right]^{-1}$$

$$= 0.003 \times 0.8 + \left[\frac{1}{1.021} + \left(0.261 \times 0.8 + \left(\frac{1}{0.27} + \frac{1}{1.583 \times 0.8}\right)^{-1}\right)^{-1}\right]^{-1} = 0.306\,(\mathrm{s}^{-1})$$

由式(6.34)计算有垂直管束床层的膨胀比

$$R = \frac{0.517}{1 - 0.67\left(\dfrac{u_0}{100}\right)^{0.114}} = \frac{0.517}{1 - 0.67\left(\dfrac{30}{100}\right)^{0.114}} = 1.243$$

由式(6.35)计算流化床床层高度

$$L_{\mathrm{f}} = RL_0 = 1.243 \times 2.2 = 273.46\,(\mathrm{cm})$$

由式(6.36)计算最终转化率

$$X_{\mathrm{A}} = 1 - \exp\left(-k_{\mathrm{f}}\frac{L_{\mathrm{f}}}{u_{\mathrm{b}}}\right) = 1 - \exp\left(-0.306 \times \frac{273.46}{126.576}\right) = 0.4837$$

按鼓泡床模型计算该反应的最终转化率为 48.37%。

6.7　已知某流化床内径为 2.5 m，催化剂平均粒径 d_{p}=180 μm，密度为 1.3 g/cm^3，静床装填高度 2 m，气体空床速度 0.4 m/s，密度 1.45×10^{-3} g/cm^3，黏度 1.37×10^{-5} Pa·s。试计算该流化床操作床层高度及所需的分离高度。

【解】　假设床层为小颗粒，则 $Re_{\mathrm{m}} < 20$，由式(6.1)求临界流化速度

$$u_{\mathrm{mf}} = \frac{(\rho_{\mathrm{s}} - \rho_{\mathrm{f}})gd_{\mathrm{p}}^2}{1650\mu} = \frac{(1.3 - 1.45 \times 10^{-3}) \times 980.7 \times (180 \times 10^{-4})^2}{1650 \times 1.37 \times 10^{-5} \times 10} = 1.825\,(\mathrm{cm/s})$$

由式(6.3)校核雷诺数

$$Re = \frac{d_{\mathrm{s}}\rho_{\mathrm{f}}u_{\mathrm{mf}}}{\mu} = \frac{180 \times 10^{-4} \times 1.45 \times 10^{-3} \times 1.825}{1.37 \times 10^{-5} \times 10} = 0.348 < 20$$

假设床层流型为过渡流，则 $0.4 < Re < 500$，由式(6.5)求带出速度

$$u_{\mathrm{t}} = \left[\frac{4}{225}\frac{(\rho_{\mathrm{s}} - \rho_{\mathrm{f}})^2 g^2}{\rho_{\mathrm{f}}\mu}\right]^{1/3} d_{\mathrm{p}}$$

$$= \left[\frac{4}{225}\frac{(1.3 - 1.45 \times 10^{-3})^2 \times 980.7^2}{1.45 \times 10^{-3} \times 1.37 \times 10^{-5} \times 10}\right]^{1/3} 180 \times 10^{-4} = 94.594\,(\mathrm{cm/s})$$

由式(6.3)校核雷诺数

$$Re = \frac{d_{\mathrm{s}}\rho_{\mathrm{f}}u_{\mathrm{t}}}{\mu} = \frac{180 \times 10^{-4} \times 1.45 \times 10^{-3} \times 94.594}{1.37 \times 10^{-5} \times 10} = 18.021 < 500$$

由床层膨胀关联曲线查得操作条件下的床层膨胀比 R

$$\frac{u_{\mathrm{f}} - u_{\mathrm{mf}}}{u_{\mathrm{t}} - u_{\mathrm{mf}}} = \frac{40 - 1.825}{94.594 - 1.825} = 0.412$$

对于自由床，由图 6.1 查得 $L_{\mathrm{mf}}/L_{\mathrm{f}}=0.3$，所以流化床高度

$$L_{\mathrm{f}}=2/0.3=6.667(\mathrm{m})$$

按 $D_{\mathrm{t}}=250\ \mathrm{cm}$，$u_0=40\ \mathrm{cm/s}$，查图 6.3 得 $H/D_{\mathrm{f}}=1.2$，故分离高度

$$H=1.2×2.5=3(\mathrm{m})$$

6.8　已知流化床内径为 3.5 cm，$\rho_{\mathrm{s}}=3\ \mathrm{g/cm^3}$，$\rho_{\mathrm{g}}=1.9×10^{-3}\ \mathrm{g/cm^3}$，$\mu=2×10^{-4}\ \mathrm{Pa·s}$，$L_{\mathrm{mf}}=3\ \mathrm{m}$，$\varepsilon_{\mathrm{mf}}=0.48$，气体进塔压力 3 atm，空床速度 50 cm/s。确定多孔气体分布板的开孔率、孔径和单位面积上孔数的关系。

【解】　由式(6.37)计算床层压降

$$\Delta p = L_{\mathrm{mf}}(1-\varepsilon_{\mathrm{mf}})(\rho_{\mathrm{s}}-\rho_{\mathrm{f}})g$$
$$=3×(1-0.48)×(3000-1.9)×9.807=4.587×10^4(\mathrm{Pa})=467.874(\mathrm{g/cm^2})$$

取分布板压降为床层压降的 15%，则

$$\Delta p_{\mathrm{d}}=15\%×467.874=70.181(\mathrm{g/cm^2})$$

计算雷诺数

$$Re = \frac{D_{\mathrm{t}}u_0\rho_{\mathrm{g}}}{\mu} = \frac{350×50×1.9×10^{-3}}{2×10^{-4}} = 1.662×10^5$$

查图 6.4 得锐孔系数 $C_{\mathrm{d}}'=0.6$。

由式(6.38)计算小孔气速 u_{or}

$$u_{\mathrm{or}} = C_{\mathrm{d}}'\left(\frac{2g\Delta p_{\mathrm{d}}}{\rho_{\mathrm{g}}}\right)^{1/2} = 0.6\left(\frac{2×980.7×70.181}{1.9×10^{-3}}\right)^{1/2} =5107.017(\mathrm{cm/s})$$

由式(6.39)计算分布板上的开孔率

$$\varphi=u_0/u_{\mathrm{or}}=50/5107.017=0.979\%$$

由式(6.40)得分布板上单位面积的开孔数 N_{or} 和孔径 d_{or} 的关系

$$N_{\mathrm{or}} = \left(\frac{\pi}{4}d_{\mathrm{or}}^2\right)^{-1}\frac{u_0}{u_{\mathrm{or}}} = \left(\frac{\pi}{4}d_{\mathrm{or}}^2\right)^{-1}×0.979\% = 1.246×10^{-2}/d_{\mathrm{or}}^2$$

6.5　练　习　题

【6.1】　空气在 20℃下进入一流化床反应器，当静止时，床层高度为 0.56 m，空隙率为 0.36，温度为 850℃。已知临界流化床空隙率为 0.44，颗粒直径为 440 μm，密度为 2500 kg/m³，气体黏度为 $4.5×10^{-5}\ \mathrm{kg/(m·s)}$。假设空气一进入反应器，其温度直接升至 850℃。若测得床层出口压力为 $1.029×10^5\ \mathrm{Pa}$，试求起始流化速度和床层压降。

答案：u_{mf}=0.081 m/s，Δp=9079 Pa。

【6.2】　计算萘氧化制苯酐的微球硅胶钒催化剂的起始流化速度和带出速度。已知催化剂颗粒密度为 1120 kg/m³，气体密度为 1.1 kg/m³，气体黏度为 3.02×10^{-5} Pa·s，粒度分布如下

目数	<40	40~60	60~80	80~100	100~120	>120
质量比/%	5	25	35	13	10	12

答案：u_{mf}=8.11×10^{-3} m/s，u_t=0.296 m/s。

【6.3】　有一流化床反应器气泡直径为 3.5 cm，操作气速为 40 cm/s，颗粒直径为 0.12 mm，临界流化速度为 0.45 cm/s，临界流化床空隙率为 0.52，V_w/V_b=0.45。已知气泡中所含粒子体积与气泡体积之比为 0.015，求乳化相中和气泡晕中粒子体积与气泡体积之比 γ_e 和 γ_c。

答案：γ_e=0.238，γ_c=0.247。

【6.4】　一个流化床反应器，流化床高度 L_f=150 cm，已知气泡直径为 7.0 cm，操作气速为 28 cm/s，颗粒直径为 0.11 mm，临界流化速度为 1.4 cm/s，临界流化床空隙率为 0.44，有效扩散系数为 0.85 cm²/s。用三相模型计算床层高度在 120 cm 处气泡与泡晕间交换系数 K_{bc} 和泡晕与乳化相间交换系数 K_{be}。

答案：$(K_{bc})_b$=3.55 s^{-1}，$(K_{be})_b$=1.308 s^{-1}。

【6.5】　拟设计丙烯腈合成反应器。利用丙烯腈催化氨氧化法生产，化学反应式为

$$CH_2\!=\!CH\!-\!CH_3+NH_3+1.5O_2 \longrightarrow CH_2\!=\!CHCN+3H_2O$$

反应是强放热反应，在床层内拟安装 552 根外径 0.06 m 的垂直换热管移热。试用两相和三相模型分别计算所需的流化床直径和高度。该反应对丙烯为一级。已知下列数据：操作温度 400℃，该温度下反应速率常数为 1.0 s^{-1}，操作压力为 2×10^5 Pa，催化剂颗粒的平均直径为 5.1×10^{-5} m，颗粒密度为 2500 kg/m³，静床空隙率为 0.5，临界流化速度为 0.002 m/s，临界流化床空隙率为 0.6，操作空管气速为 0.5 m/s，丙烯扩散系数为 3.9×10^{-5} m²/s，估计气泡有效直径为 0.1 m，进料中丙烯摩尔分数为 0.24，要求丙烯腈生产能力为 5050 kg/h。

答案：床层直径：D_t=3.41 m；两相模型：L_f=3.37 m，L_0=1.58 m(乳相气体为平推流)；L_f=5.13 m，L_0=2.4 m(乳相气体为全混流)；三相模型：L_f=9.15 m，L_0=4.3 m。

【6.6】　在一直径为 2 m，静床高为 0.2 m 的流化床中，以操作气速为 0.3 m/s 的空气进行流态化操作。已知催化剂颗粒的直径为 80×10^{-6} m，颗粒密度为 2200 kg/m³，气体密度为 2 kg/m³，黏度为 1.9×10^{-5} Pa·s，临界流化床空隙率为 0.5。求床层的浓相

段高度及稀相段高度。

答案：浓相段高度：0.909 m，稀相段高度：10.938 m。

【6.7】 练习题 6.2 中的催化反应过程，若操作气速取 0.12 m/s，催化剂装填高度为 0.2 m，气体体积流量为 122 m³/h，试估算流化床内径及浓相段、稀相段高度。

答案：内径：0.6 m；浓相段高度：0.537 m；稀相段高度：1.314 m。

第 7 章　气固相非催化反应器

7.1　内 容 框 架

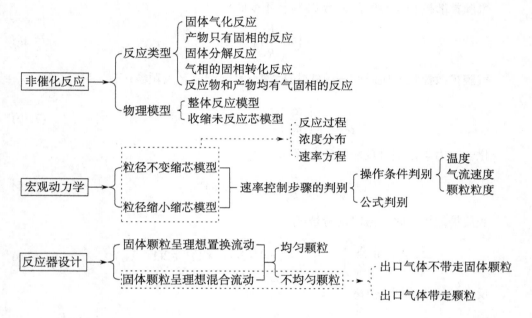

7.2　知 识 要 点

7-1　了解气固相非催化反应过程中固体反应物的变化情况。

7-2　了解气固相非催化反应的物理模型。

7-3　掌握缩芯模型的反应步骤、浓度分布图的绘制及速率方程的推导。

7-4　了解判别控制步骤的依据。

7-5　熟悉气固相非催化反应器的计算和设计。

7.3　主 要 公 式

完全反应时间

$$\tau_{\mathrm{f}} = \left(\frac{1}{k_{\mathrm{s}}} + \frac{1}{3k_{\mathrm{g}}} + \frac{R_{\mathrm{p}}}{6D_{\mathrm{e}}} \right) \frac{\rho_{\mathrm{B}} R_{\mathrm{p}}}{b M_{\mathrm{B}} c_{\mathrm{Ag}}} \tag{7.1}$$

化学动力学控制时完全反应时间

$$\tau_{\mathrm{f}} = \frac{\rho_{\mathrm{B}} R_{\mathrm{p}}}{b M_{\mathrm{B}} k_{\mathrm{s}} c_{\mathrm{Ag}}} \tag{7.2}$$

颗粒粒度化学动力学控制判别式

$$\frac{\tau_2}{\tau_1} = \frac{R_{\mathrm{p2}}}{R_{\mathrm{p1}}} \tag{7.3}$$

气膜扩散控制反应时间分数式(粒径不变时)

$$\frac{\tau}{\tau_{\mathrm{f}}} = 1 - \left(\frac{R_{\mathrm{c}}}{R_{\mathrm{p}}}\right)^3 = X_{\mathrm{B}} \tag{7.4a}$$

气膜扩散控制反应时间分数式(粒径缩小时，湍流区大颗粒)

$$\frac{\tau}{\tau_{\mathrm{f}}} = 1 - \left(\frac{R_{\mathrm{c}}}{R_{\mathrm{p}}}\right)^{\frac{3}{2}} = 1 - (1-X_{\mathrm{B}})^{\frac{1}{2}} \tag{7.4b}$$

化学动力学控制时反应时间分数式

$$\frac{\tau}{\tau_{\mathrm{f}}} = 1 - \frac{R_{\mathrm{c}}}{R_{\mathrm{p}}} = 1 - (1-X_{\mathrm{B}})^{\frac{1}{3}} \tag{7.5}$$

灰层扩散控制时反应时间分数式

$$\frac{\tau}{\tau_{\mathrm{f}}} = 1 - 3\left(\frac{R_{\mathrm{c}}}{R_{\mathrm{p}}}\right)^2 + 2\left(\frac{R_{\mathrm{c}}}{R_{\mathrm{p}}}\right)^3 = 1 - 3(1-X_{\mathrm{B}})^{\frac{2}{3}} + 2(1-X_{\mathrm{B}}) \tag{7.6}$$

反应时间(粒径不变时)

$$\tau = \left\{\frac{1}{k_{\mathrm{s}}}\left[1-(1-X_{\mathrm{B}})^{\frac{1}{3}}\right] + \frac{1}{3k_g}X_{\mathrm{B}} + \frac{R_{\mathrm{p}}}{6D_{\mathrm{e}}}\left[1-3(1-X_{\mathrm{B}})^{\frac{2}{3}}+2(1-X_{\mathrm{B}})\right]\right\}\frac{\rho_{\mathrm{B}} R_{\mathrm{p}}}{b M_{\mathrm{B}} c_{\mathrm{Ag}}} \tag{7.7}$$

均匀颗粒理想混合流动气膜扩散控制时平均转化率

$$1 - \bar{X}_{\mathrm{B}} = \frac{1}{2}\left(\frac{\tau_{\mathrm{f}}}{\tau_{\mathrm{M}}}\right) - \frac{1}{6}\left(\frac{\tau_{\mathrm{f}}}{\tau_{\mathrm{M}}}\right)^2 + \frac{1}{24}\left(\frac{\tau_{\mathrm{f}}}{\tau_{\mathrm{M}}}\right)^3 \tag{7.8}$$

7.4　习　题　解　答

7.1 在900℃及1 atm下，用含8% O_2 的气体焙烧球形锌矿，其反应式为

$$O_2(g) + \frac{2}{3}ZnS(s) \longrightarrow \frac{2}{3}ZnO(s) + \frac{2}{3}SO_2(g)$$

已知反应对 O_2 为一级，k_{s}=2 cm/s，ρ_{B}=4.13 g/cm³=0.0425 mol/cm³，O_2 在ZnO

层中的有效扩散系数 D_e=0.08 cm^2/s，气膜扩散阻力可以忽略不计。假定气体浓度也是均匀的，反应可按缩芯模型处理，试求：

(1) 颗粒半径 R_p=1 mm 的颗粒的完全反应时间及灰层内扩散阻力的相对大小；

(2) 对 R_p=0.05 mm 的颗粒重复上述计算。

【解】　由状态方程计算反应物浓度

$$c_{Ag} = \frac{p}{RT} \times 0.08 = \frac{1 \times 0.08}{82.06 \times (273 + 900)} = 8.311 \times 10^{-7}\ (\text{mol/m}^3)$$

由式(7.1)计算颗粒的完全反应时间

$$\tau_f = \left(\frac{1}{k_s} + \frac{1}{3k_g} + \frac{R_p}{6D_e} \right) \frac{\rho_B R_p}{bM_B c_{Ag}}$$

当气膜扩散阻力可以忽略不计时，则上式变为

$$\tau_f = \left(\frac{1}{k_s} + \frac{R_p}{6D_e} \right) \frac{\rho_B R_p}{bM_B c_{Ag}} \tag{7.1-A}$$

(1) 求完全反应时间和灰层内扩散阻力(R_p=1 mm)。

将已知数据代入式(7.1-A)有

$$\tau_f = \left(\frac{1}{2} + \frac{0.1}{6 \times 0.08} \right) \times \frac{0.0425 \times 0.1}{\frac{2}{3} \times 8.311 \times 10^{-7}} = 5433.311\,(\text{s})$$

$$\text{灰层内扩散阻力} = \frac{R_p}{6D_e} = \frac{0.1}{6 \times 0.08} = 0.208$$

(2) 求完全反应时间和灰层内扩散阻力(R_p=0.05 mm)。

将已知数据代入式(7.1-A)有

$$\tau_f = \left(\frac{1}{2} + \frac{0.005}{6 \times 0.08} \right) \frac{0.0425 \times 0.005}{\frac{2}{3} \times 8.311 \times 10^{-7}} = 195.759\,(\text{s})$$

$$\text{灰层内扩散阻力} = \frac{R_p}{6D_e} = \frac{0.005}{6 \times 0.08} = 0.0104$$

7.2　铁矿用 H$_2$ 还原，在无水条件下，其反应式为 $4H_2(g)+Fe_3O_4(s) \longrightarrow 4H_2O(g)+3Fe(s)$。已知反应对 H$_2$ 为一级，k_s=1.93×10^{5}exp(−24000/1.987T)，cm/s，铁矿颗粒半径 R_p=5 mm，密度 ρ_B=4.6 g/cm^3，H$_2$ 通过灰层的有效扩散系数 D_e=0.03 cm^2/s，试求：

(1) 1 atm 下，500℃时铁矿的完全反应时间。

(2) 有无特定的控制步骤？若无，各步阻力的相对大小如何？

【解】　(1) 求完全反应时间。

由状态方程计算反应物浓度

$$c_{Ag} = \frac{p}{RT} = \frac{1}{82.06(273+500)} = 1.576 \times 10^{-5} \; (mol/m^3)$$

计算反应的速率常数

$$k_s = 1.93 \times 10^5 \exp(-24000/1.987 \times 773) = 3.159 \times 10^{-2} (cm/s)$$

由颗粒的完全反应时间计算式(7.1)知

$$\tau_f = \left(\frac{1}{k_s} + \frac{1}{3k_g} + \frac{R_p}{6D_e} \right) \frac{\rho_B R_p}{bM_B c_{Ag}}$$

当气膜扩散阻力可以忽略不计，而 $\dfrac{1}{k_s} \ll \dfrac{R_p}{6D_e}$，则上式变为

$$\tau_f = \frac{R_p}{6D_e} \frac{\rho_B R_p}{bM_B c_{Ag}} = \frac{0.5}{6 \times 0.03} \frac{4.6 \times 0.5}{\frac{1}{4} \times 213.5 \times 1.576 \times 10^{-5}} = 7595.06 \; (s)$$

(2) 控制步骤判断。

反应为灰层内扩散控制。

7.3 直径为 5 mm 的锌粒溶于某一元酸溶液中。过程为化学动力学控制，实验测得特定酸浓度下的消耗速率为 $r_{Zn} = 0.3 \; mol/(m^2 \cdot s)$。已知锌粒密度 $\rho_B = 7170 \; kg/m^3$，试求：

(1) 锌粒完全溶解时的反应时间；

(2) 锌粒溶解到质量一半时的时间。

【解】 锌粒溶解反应为

$$Zn(s) + 2H^+(l) \longrightarrow 产物$$

设反应为一级反应，则

$$r_{Zn} = k_s c_{Ag}$$

(1) 求锌粒完全溶解时的反应时间。

由式(7.2)计算化学反应控制时的完全反应时间

$$\tau_f = \frac{\rho_B R_p}{bM_B k_s c_{Ag}} = \frac{7170 \times 0.0025}{0.5 \times 65.4 \times 0.3 \times 10^{-3}} = 1.827 \times 10^3 \; (s)$$

(2) 求锌粒溶解到质量一半时的时间。

锌粒溶解到质量一半时的半径

$$\frac{4}{3}\pi R_c^3 \rho_B = \frac{1}{2}\frac{4}{3}\pi R_p^3 \rho_B$$

$$\frac{R_c}{R_p} = \sqrt[3]{0.5} = 0.794$$

由颗粒粒度化学动力学控制判别式(7.3)计算反应时间

$$\frac{\tau_2}{\tau_1} = \frac{R_{p2}}{R_{p1}}$$

$$\tau_2 = 1.827 \times 10^3 \times 0.794 = 1.451 \times 10^3 \text{ (s)}$$

7.4 碳与氧燃烧反应 $C(s)+O_2(g) \longrightarrow CO_2(g)$，试计算纯碳粒燃烧到颗粒直径一半时：

(1) 过程为 O_2 通过气膜层扩散控制时的时间分数；

(2) 过程为化学动力学控制时的时间分数；

(3) 如果是煤燃烧，表面产生灰层，过程为灰层内扩散控制时的时间分数。

【解】 纯碳粒燃烧到颗粒直径一半时的半径 $R_c=0.5R_p$。

(1) 求气膜层扩散控制时的时间分数。

若煤燃烧符合粒径缩小缩芯模型中的湍流区大颗粒，则由气膜层扩散控制反应时间分数式(7.4b)得

$$\frac{\tau}{\tau_f} = 1 - \left(\frac{R_c}{R_p}\right)^{\frac{3}{2}} = 1 - \left(\frac{1}{2}\right)^{\frac{3}{2}} = 0.646$$

(2) 求化学动力学控制时的时间分数。

由化学动力学控制反应时间分数式(7.5)得

$$\frac{\tau}{\tau_f} = 1 - \frac{R_c}{R_p} = 1 - \frac{1}{2} = 0.5$$

(3) 求灰层内扩散控制时的时间分数。

由灰层内扩散控制反应时间分数式(7.6)得

$$\frac{\tau}{\tau_f} = 1 - 3\left(\frac{R_c}{R_p}\right)^2 + 2\left(\frac{R_c}{R_p}\right)^3 = 1 - 3\left(\frac{1}{2}\right)^2 + 2 \times \left(\frac{1}{2}\right)^3 = 0.5$$

7.5 在一管式反应器中将 FeS_2 用纯 H_2 还原，氢气向上流动，FeS_2 向下移动，反应器操作温度为 495℃，压力为 1 atm，在此条件下气膜扩散阻力可以忽略。已知 $k_s=3.8 \times 10^5 \exp(-30000/1.987T)$，cm/s，$D_e=3.6 \times 10^{-6}$ cm²/s。粒度分布及相应的停留时间如下表所示。

颗粒半径/mm	0.05	0.10	0.15	0.20
质量分数/%	0.1	0.3	0.4	0.2
τ/τ_M	1.40	1.10	0.95	0.75

假定气相中 H_2 的浓度不变，而反应器中物料的平均停留时间 $\tau_M=60$ min，FeS_2 的密度 $\rho_B=5.0$ g/cm³，试求 FeS_2 转化为 FeS 的平均转化率 $\overline{x}_B$。

【解】 化学反应为

$$FeS_2(s)+H_2(g) \longrightarrow FeS(s) +H_2S(g)$$

由反应式知 $b=1$，且 $M_B=119.98$，$k_s=3.8\times10^5\exp[-30000/(1.987\times768)]=1.101\times10^{-3}$(cm/s)，由状态方程计算反应物浓度

$$c_{Ag} = \frac{p}{RT} = \frac{1}{82.06(273+495)} = 1.587\times10^{-5} \ (\text{mol/m}^3)$$

由式(7.7)粒径不变缩芯模型的反应时间

$$\tau = \left\{ \frac{1}{k_s}\left[1-(1-X_B)^{\frac{1}{3}} \right] + \frac{1}{3k_g}X_B + \frac{R_p}{6D_e}\left[1-3(1-X_B)^{\frac{2}{3}}+2(1-X_B) \right] \right\}\frac{\rho_B R_p}{bM_B c_{Ag}}$$

因气膜扩散阻力可以忽略，则上式变为

$$\tau = \left\{ \frac{1}{k_s}\left[1-(1-X_B)^{\frac{1}{3}} \right] + \frac{R_p}{6D_e}\left[1-3(1-X_B)^{\frac{2}{3}}+2(1-X_B) \right] \right\}\frac{\rho_B R_p}{bM_B c_{Ag}}$$

$$= \left\{ \left[1-(1-X_B)^{\frac{1}{3}} \right] + \frac{k_s R_p}{6D_e}\left[1-3(1-X_B)^{\frac{2}{3}}+2(1-X_B) \right] \right\}\frac{\rho_B R_p}{bM_B k_s c_{Ag}} \tag{7.5-A}$$

式中

$$\frac{\rho_B}{bM_B k_s c_{Ag}} = \frac{5}{1\times119.98\times1.101\times10^{-3}\times1.587\times10^{-5}} = 2.385\times10^6, \quad 1-X_B=Y$$

$$\frac{k_s}{6D_e} = \frac{1.101\times10^{-3}}{6\times3.6\times10^{-6}} = 50.972$$

则式(7.5-A)变为

$$\tau = \left\{ \left[1-Y^{\frac{1}{3}} \right] + 50.972R_p\left[1-3Y^{\frac{2}{3}}+2Y \right] \right\}2.385\times10^6 R_p \tag{7.5-B}$$

已知颗粒半径 0.005 cm 的停留时间为 $1.4\times60\times60=5040$(s)，设 $Y=0.27384$，则式(7.5-B)的左右两边相等，即

$$X_B=1-Y=1-0.27384=0.72616$$

同理可得其他颗粒半径下的值，结果列于下表。

颗粒半径/cm	0.005	0.010	0.015	0.020
质量分数/%	0.1	0.3	0.4	0.2
τ/τ_M	1.40	1.10	0.95	0.75
τ/s	5040	3960	3420	2700
Y	0.27384	0.63790	0.77547	0.85903
X_B	0.72616	0.36210	0.22453	0.14098

所以得 $\bar{X}_B = 0.299$。

7.6　一批矿料粉以 0.167 kg/s 的进料质量流量加到装有 100 kg 矿粉的理想混合反应器内进行一级不可逆反应。矿粉中的粒度分布及相应的完全反应时间如下表所示。

颗粒直径/μm	50	100	200
组成/%	30	50	20
完全反应时间/s	240	480	960

若过程为气膜扩散控制，反应中颗粒大小不变，试计算固体物料的转化率。

【解】　根据反应器操作条件得平均停留时间 $\tau = 100/0.167 = 600(s)$，由粒径不变缩芯模型气膜扩散控制的未转化率式(7.8)知

$$1 - \overline{X}_B = \frac{1}{2}\left(\frac{\tau_f}{\tau_M}\right) - \frac{1}{6}\left(\frac{\tau_f}{\tau_M}\right)^2 + \frac{1}{24}\left(\frac{\tau_f}{\tau_M}\right)^3 \tag{7.6-A}$$

(1) 按粒度分布进行计算。

由式(7.6-A)得各组颗粒的未转化率为

$$d_p = 50 \ \mu m, \quad 1 - \overline{X}_B = \frac{1}{2}\left(\frac{240}{600}\right) - \frac{1}{6}\left(\frac{240}{600}\right)^2 + \frac{1}{24}\left(\frac{240}{600}\right)^3 = 0.176$$

$$d_p = 100 \ \mu m, \quad 1 - \overline{X}_B = \frac{1}{2}\left(\frac{480}{600}\right) - \frac{1}{6}\left(\frac{480}{600}\right)^2 + \frac{1}{24}\left(\frac{480}{600}\right)^3 = 0.315$$

$$d_p = 200 \ \mu m, \quad 1 - \overline{X}_B = \frac{1}{2}\left(\frac{960}{600}\right) - \frac{1}{6}\left(\frac{960}{600}\right)^2 + \frac{1}{24}\left(\frac{960}{600}\right)^3 = 0.544$$

则总物料的未转化率为

$$1 - \overline{X}_B = 0.3 \times 0.176 + 0.5 \times 0.315 + 0.2 \times 0.544 = 0.319$$

转化率为

$$\overline{X}_B = 0.681$$

(2) 按平均粒度计算。

计算颗粒粒度的调和平均值

$$\overline{d}_p = \frac{1}{\sum \dfrac{x_i}{d_{pi}}} = 1 \bigg/ \left(\frac{0.3}{50} + \frac{0.5}{100} + \frac{0.2}{200}\right) = 83.333 \,(\text{mm})$$

由所给数据可知，完全反应时间与粒度呈线性关系，则平均粒度的完全反应时间为 $\tau_f = 400$ s，由式(7.6-A)得未转化率

$$1-\overline{X}_{\mathrm{B}}=\frac{1}{2}\left(\frac{400}{600}\right)-\frac{1}{6}\left(\frac{400}{600}\right)^2+\frac{1}{24}\left(\frac{400}{600}\right)^3=0.272$$

转化率为

$$\overline{X}_{\mathrm{B}}=0.728$$

可见，两种方法的计算结果有一定差距，显然前者结果更准确。

7.5 练 习 题

【7.1】 等温下对某气固相非催化反应(颗粒为球形)进行实验测定，在反应器中保持 1 h，测得 8 mm 颗粒转化 58%，4 mm 颗粒转化 87.5%。(1) 试根据缩芯模型判断反应的控制步骤；(2) 求 2 mm 颗粒的完全反应时间和固体转化率为 50%的反应时间；(3)对 6 mm 颗粒，求反应时间为 1 h 时的固体转化率。

答案：(1) 化学反应控制；(2) 1 h，0.2 h；(3) 0.703。

【7.2】 计算直径为 10 mm 的石墨粒子在 8%氧气流中完全燃烧所需的时间。已知石墨粒子密度为 2.2 g/cm³，反应温度为 900℃，速率常数为 20 cm/s，使用高气速并假设气膜扩散对传递和反应没有阻力。

答案：551 s。

【7.3】 某气固非催化反应 A(g)+B(s)——→L(g)+M(s)，已知气相主体浓度为 0.01 kmol/m³，颗粒半径为 0.5 cm，实验测得固体转化率为 50%和 100%时，反应时间分别为 1 h 和 5 h。(1) 确定固体转化的速率控制机理；(2) 若化学反应对 A 视为一级，试写出颗粒半径为 R_{p}(m)，A 的气相主体浓度为 c_{Ag}(kmol/m³)时的反应速率表达式及完全反应时间表达式。

答案：(1) 化学反应控制；(2) $\dfrac{\tau}{\tau_{\mathrm{f}}}=1-\dfrac{R_{\mathrm{c}}}{R_{\mathrm{p}}}=1-(1-X_{\mathrm{B}})^{\frac{1}{3}}$，$\tau_{\mathrm{f}}=\dfrac{\rho_{\mathrm{B}}R_{\mathrm{p}}}{bM_{\mathrm{B}}k_{\mathrm{s}}c_{\mathrm{Ag}}}$。

【7.4】 设计一个将固体反应物 B 连续转化成固体产物 M 的流化床反应器。为求得固体在这个流动反应器中的平均停留时间，在一个间歇式流化装置中进行实验。每隔 1 min，从间歇式流化装置取出固体并分析 B 和 M 可以求得 50%的 B 转化成 M 的时间，即颗粒半径为 4 mm、实验温度 550℃下，时间为 15 min；颗粒半径为 12 mm、实验温度 590℃下，时间为 2 h。假如流动反应器在 550℃下操作，用颗粒半径为 2 mm 粒子进料，98%的 B 转化为 M 所需的平均停留时间是多少？反应中颗粒大小不变，可忽略气膜阻力。

答案：灰层扩散控制；平均停留时间为 341 min。

【7.5】 某气固非催化反应 A(g)+B(s)——→L(g)+M(s)符合化学动力学控制的缩芯模型。颗粒完全转化的时间为 1 h，设计一个处理能力为 1000 kg/s 固体的流化床，固体 B 的转化率为 90%，气体以 c_{A0} 进料(注意在反应器中的气体浓度不是 c_{A0})，假

设气体是全混流，求下列情况下反应器中的固体量：(1) A 用化学计量的量；(2) A 用 2 倍化学计量的量。

答案：(1) 23 t；(2) 4.18 t。

【7.6】　在单个流化床中，反应按化学动力学控制的缩芯模型，有 60%大小相同的颗粒转化成固体产品。(1) 假如所用的气体相同而反应器的体积是原来的 2 倍，固体颗粒的转化率应是多少？(2) 假如所用的气体相同而第一个反应器的出料加到同样大小的第二个反应器中，则固体颗粒的转化率应是多少？

答案：(1) 0.76；(2) 0.86。

第8章 气液相反应器

8.1 内 容 框 架

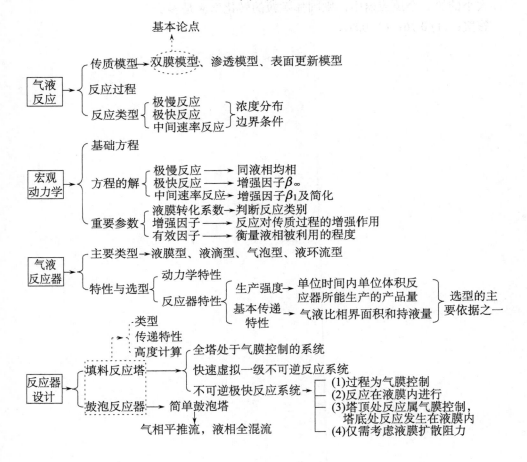

8.2 知 识 要 点

8-1 了解描述气液反应传质机理的理论模型，掌握根据双膜模型描述气液反应所经历的步骤。

8-2 掌握典型气液反应的浓度分布图、边界条件及宏观动力学基础方程。

8-3 掌握气液反应重要参数的定义及液膜转化系数和增强因子的应用。

8-4 掌握拟一级不可逆中间速率反应增强因子 β 和有效因子 η_L 通式的简化及应用。

8-5 了解气液反应器的分类及特点。

8-6 熟悉填料反应器的设计。

8-7 了解鼓泡塔的流体力学特性的内容及流动状态分区情况。

8-8 熟悉鼓泡反应器的设计。

8.3 主 要 公 式

气相总传质系数

$$\frac{1}{K_{AG}} = \frac{1}{k_{AG}} + \frac{1}{\beta H_A k_{AL}}, \quad \frac{1}{K_{AG}} = \frac{1}{k_{AG}} + \frac{E_A}{\beta k_{AL}} \tag{8.1}$$

气膜中的传质速率

$$N_A = k_{AG}(p_{AG} - p_{AI}) \tag{8.2}$$

液膜中的传质速率

$$N_A = \beta k_{AG}(c_{AI} - c_{AL}) \tag{8.3}$$

界面浓度与分压的关系

$$c_{AI} = H_A p_{AI} \tag{8.4}$$

液相中浓度与平衡浓度的关系

$$c_{AL} = H_A p_{Ae} \tag{8.5}$$

液膜转化系数

$$M = \frac{k_1 D_{AL}}{k_{AL}^2} = \frac{k_1 Z_L}{k_{AL}} \text{ (一级反应)}$$

$$M = \frac{k_2 D_{AL} c_{BL}}{k_{AL}^2} \text{ (二级反应)} \tag{8.6}$$

液相反应物 B 的临界浓度

$$c_{BL}' = \frac{b D_{AL}}{D_{BL}} \frac{k_{AG}}{k_{AL}} p_{AG} \tag{8.7}$$

拟一级中速反应的增强因子

$$\beta_1 = \frac{\sqrt{M}}{\text{th}\sqrt{M}} \tag{8.8}$$

拟一级中速反应的有效因子

$$\eta_{L1} = \frac{1}{\alpha\sqrt{M}\,\text{th}\sqrt{M}} \tag{8.9}$$

快速虚拟一级不可逆反应系统的填料层高度

$$Z = \frac{F_{GI}}{p_I A_R k_{AG} a} \ln \frac{p_{A2}}{p_{A1}} + \frac{n}{p_I \sqrt{m}} \ln \frac{(\sqrt{m - p_{A2}} - \sqrt{m})(\sqrt{m - p_{A1}} + \sqrt{m})}{(\sqrt{m - p_{A2}} + \sqrt{m})(\sqrt{m - p_{A1}} - \sqrt{m})}$$

$$m = \frac{c_{BL1} F_{LI} p_I}{b F_{GI} c_I} + p_{A1}, \quad n = \frac{1}{A_R H_A a} \sqrt{\frac{F_{GI} F_{LI} p_I}{b k_2 D_{AL} c_I}} \tag{8.10}$$

全塔处于气膜控制系统的填料层高度

$$Z = \frac{F_{OG}}{k_{AG} a p} \ln \frac{y_{A2}}{y_{A1}} = \frac{F_{OG}}{k_{AG} a p} \ln \frac{p_{A2}}{p_{A1}} \tag{8.11}$$

气泡的当量比表面平均直径

$$d_{vs} = 26 D_t \left(\frac{g D_t^2 \rho_L}{\sigma_L} \right)^{-0.5} \left(\frac{g D_t^3 \rho_L^2}{\mu^2} \right)^{-0.12} \left(\frac{u_{OG}}{\sqrt{g D_t}} \right)^{-0.12} \tag{8.12}$$

$$= 26 D_t Bo^{-0.5} Ga^{-0.12} Fr^{-0.12}$$

邦德数

$$Bo = \frac{g D_t^2 \rho_L}{\sigma_L}$$

伽利略数

$$Ga = \frac{g D_t^3 \rho_L^2}{\mu^2}$$

弗劳德数

$$Fr = \frac{u_{OG}}{\sqrt{g D_t}}$$

安静区内传质系数关联式

$$Sh = 2.0 + C_1 \left[Re^{0.484} Sc_L^{0.339} \left(\frac{d_{vs} g^{\frac{1}{3}}}{D_L^{\frac{2}{3}}} \right)^{0.072} \right]^{C_2} \tag{8.13}$$

自由上升的单个小气泡

$$d_{vs} \leqslant 2 \text{ mm 时}, \quad C_1 = 0.463, \quad C_2 = 1$$
$$2 \text{ mm} < d_{vs} < 5 \text{ mm}, \quad C_1 = 0.61, \quad C_2 = 1.61$$

实际鼓泡塔内气泡成群上升

$$C_1 = 0.0187, \quad C_2 = 1.61$$

舍伍德数

$$Sh = \frac{k_L d_{vs}}{D_L}$$

气泡雷诺数

$$Re = \frac{d_{vs}u_{OG}\rho_L}{\mu_L}$$

液体施密特数

$$Sc_L = \frac{\mu_L}{\rho_L D_L}$$

湍动区内的传质系数关联式

$$\frac{k_L a D_t^2}{D_L} = 0.6 Sc_L^{\frac{1}{2}} Bo^{0.62} Ga^{0.31} \varepsilon_G^{1.1}$$

$$k_L a = 0.6 D_L^{0.5} \left(\frac{\mu_L}{\rho_L}\right)^{-0.12} \left(\frac{\sigma_L}{\rho_L}\right)^{-0.62} D_t^{0.17} g^{0.93} \varepsilon_G^{1.1} \tag{8.14}$$

气含率广泛适用的关联式

$$\frac{\varepsilon_G}{(1-\varepsilon_{GT})^4} = C \left(\frac{gD_t^2\rho_L}{\sigma_L}\right)^{\frac{1}{8}} \left(\frac{gD_t^3\rho_L^2}{\mu_L^2}\right)^{\frac{1}{12}} \left(\frac{u_{OG}}{\sqrt{gD_t}}\right) = C Bo^{\frac{1}{8}} Ga^{\frac{1}{12}} Fr \tag{8.15}$$

气液比相界面积

$$a_{GL} = \frac{6\varepsilon_G}{d_{vs}} \tag{8.16}$$

8.4　习　题　解　答

8.1　已知 CO_2 在空气和水中的传质数据如下：$k_G a$=80 mol/(L·atm·h)，$k_L a$=25 L/h，亨利系数 E_H=30 (kg/cm^2)·L/mol，今以 25℃的水用逆流接触方式从空气中脱除 CO_2，试求：

(1) 这一吸收操作中，气膜和液膜的相对阻力为多少？

(2) 在设计吸收塔时，拟用速率方程的最简形式是怎样的？

【解】　(1) 求气膜和液膜的相对阻力。

对物理吸收，式(8.1)变为

$$\frac{1}{K_{AG}a} = \frac{1}{k_{AG}a} + \frac{E_H}{k_{AL}a} = \frac{1}{80} + \frac{30 \times 0.9678}{25}$$

$$=0.0125+1.1614=1.1739 \ [(atm·L·h)/mol]$$

气膜阻力

$$\frac{0.0125}{1.1739} \times 100\% = 1.065\%$$

液膜阻力

$$\frac{1.1614}{1.1739} \times 100\% = 98.935\%$$

(2) 速率方程的形式。

由以上计算可知，液膜阻力占传质总阻力的 98.935%，气膜阻力仅占 1.065%，因此可以忽略气膜阻力的影响，此情况称为液膜控制，其速率方程为

$$N_A \cdot a = R_A = k_{AL} \cdot a(c_{AI} - c_{AL}) = k_{AL} \cdot a\left(\frac{p_{AI}}{H_A} - c_{AL}\right)$$

8.2　在 85℃等温下进行苯与氯反应以生产一氯苯，该反应为对氯及苯都为一级的二级反应。若苯的浓度为 5.37 mol/L，试计算反应速率。

已知数据：在反应条件下，反应速率常数 $k_2 = 2.29 \times 10^{-4}$ L/(mol·s)，氯在苯中的溶解度为 1.0365 mol/L，液膜传质系数 $k_{AL} = 0.1$ cm/s，比表面 $a = 11.17$ cm²/cm³，氯在苯中的扩散系数 $D_{AL} = 3.14 \times 10^{-5}$ cm²/s。

【解】　由于苯的浓度相对较高，如按拟一级反应处理，则

$$k_1 = k_2 c_B = 2.29 \times 10^{-4} \times 5.37 = 1.23 \times 10^{-3} \ (\text{s}^{-1})$$

为了判别过程的性质，首先由式(8.6)计算液膜转化系数

$$\sqrt{M} = \sqrt{\frac{k_1 D_{AL}}{k_{AL}^2}} = \sqrt{\frac{1.23 \times 10^{-3} \times 3.14 \times 10^{-5}}{0.1^2}} = 1.965 \times 10^{-3} \ll 0.3$$

故反应为极慢反应，而

$$\alpha M = \frac{k_1}{a k_{AL}} = \frac{1.23 \times 10^{-3}}{11.17 \times 0.1} = 1.101 \times 10^{-3} \ll 1$$

由此可知，化学反应在整个液相主体中进行，过程速率由液相均相反应速率决定，故

$$R_A = k_2 c_A c_B = 2.29 \times 10^{-4} \times 1.0365 \times 5.37 = 1.275 \times 10^{-3} \ [\text{mol/(L·s)}]$$

8.3　如习题 8.1 为了使空气中脱除 CO_2 的反应加速，拟用 NaOH 溶液代替水，假设是极快反应，并且可用以下反应式表示：

$$CO_2 + 2OH^- \longrightarrow H_2O + CO_3^{2-}$$

(1) $p_{CO_2} = 0.01$ kg/cm²，而 NaOH 的浓度为 2 mol/L，应当采用什么形式的速率方程？

(2) 与用纯水的物理吸收作比较，吸收加快了多少？

【解】　(1) 采用的速率方程形式。

因为反应是瞬间发生的极快不可逆反应，由式(8.7)计算临界浓度

$$c'_{BL} = \frac{b D_{AL}}{D_{BL}} \frac{k_{AG}}{k_{AL}} p_{AG} \tag{8.3-A}$$

在缺乏数据的情况下，假定 OH⁻在液相中的扩散系数与 CO_2 在液相中的扩散系

数相等，即 $D_{AL}=D_{BL}$，则

$$c'_{BL} = \frac{2\times 80}{25}0.01 = 0.064 \text{ (mol/L)}$$

所以 $c_{BL} > c'_{BL}$，即反应为气膜扩散控制，其吸收速率为

$$R_A=N_Aa=k_{AG}ap_{AG}=80\times 0.01=0.8 \text{ [mol/(L·h)]}$$

(2) 求增强因子。

当用纯水吸收时，过程为液膜控制，其物理吸收速率为

$$R'_A = N_Aa = k_{AL}a(c_{AI}-c_{AL}) = k_{AL}a\left(\frac{p_{AI}}{E_H}-c_{AL}\right) \tag{8.3-B}$$

对瞬间极快反应，$c_{AL}=0$，而对液膜扩散控制，$p_{AI}\approx p_{AG}=0.01$ kg/cm²，所以由式(8.3-B)有

$$R'_A = 25\frac{0.01}{30} = 8.333\times 10^{-3}\text{[mol/(L·h)]}$$

故增强因子

$$\beta_\infty = \frac{R_A}{R'_A} = \frac{0.8}{8.333\times 10^{-3}} = 96.004$$

即吸收速率加快了 96.004 倍。

8.4 用 H_2SO_4 溶液来吸收 0.05 atm 的氨，以副产硫铵。该反应为极快不可逆反应，为了使吸收过程以较快的速率进行，必须使过程不受 H_2SO_4 扩散控制。试问吸收时 H_2SO_4 浓度最低应为多少？并求此时的吸收速率。

已知数据：$k_{AG}=0.3$ kmol/(m²·atm·h)，$k_{AL}=3\times 10^{-5}$ m/s，硫酸及氨的液相扩散系数可视作相同。

【解】 反应 $NH_3+0.5H_2SO_4\longrightarrow 0.5(NH_4)_2SO_4$ 为瞬间不可逆反应，$b=0.5$，按式(8.7)，得

$$c'_{BL} = \frac{bD_{AL}}{D_{BL}}\frac{k_{AG}}{k_{AL}}p_{AG} = 0.5\times\frac{0.3/3600}{3\times 10^{-5}}\times 0.05 = 6.944\times 10^{-2} \text{ (kmol/m}^3)$$

所以吸收液中 H_2SO_4 浓度应大于 0.06944 kmol/m³，过程就不受 H_2SO_4 扩散的影响。此时其吸收速率由气膜传递所决定，按式(8.2)可得

$$N_A = k_{AG}p_{AG} = 0.3\times 0.05 = 0.015\text{[kmol/(m}^2\text{·h)]}$$

8.5 已知一级不可逆反应吸收过程的液相传质系数 $k_{AL}=10^{-4}$ m/s，液相扩散系数 $D_{AL}=1.5\times 10^{-9}$ m²/s，讨论：

(1) 反应速率常数 k_1 高于何值时，将是膜中进行的快速反应过程；k_1 低于何值时，将是液相主体中进行的慢速反应过程；

(2) 如果 $k_1=0.1$ s⁻¹，液相厚度与液膜厚度之比 α 达多大以上，反应方能在液相主体中反应完毕？此时传质表面的平均液体厚度将是多少？

(3) 如果 $k_1=10\ \text{s}^{-1}$，$\alpha=30$，试求 β 和 η 的值。

【解】 (1) 求液膜转化系数 $\sqrt{M}$。

由式(8.6)计算液膜转化系数

$$\sqrt{M}=\sqrt{\frac{k_1 D_{AL}}{k_{AL}^2}}=\sqrt{\frac{k_1\times1.5\times10^{-9}}{(10^{-4})^2}}=\sqrt{0.15k_1} \tag{8.5-A}$$

膜中进行快速反应的条件为 $\sqrt{M}>3$，$\text{th}\sqrt{M}\to1$，即由式(8.5-A)得

$$\sqrt{M}=\sqrt{0.15k_1}>3，则\ k_1>60\ \text{s}^{-1}$$

液相主体中进行慢速反应的条件为 $\sqrt{M}<0.3$，$\text{th}\sqrt{M}\to\sqrt{M}$，即由式(8.5-A)得

$$\sqrt{M}=\sqrt{0.15k_1}<0.3，则\ k_1<0.6\ \text{s}^{-1}$$

(2) 求平均液体厚度。

因为 $k_1=0.1\ \text{s}^{-1}<0.6\ \text{s}^{-1}$ 为在液相主体中进行的慢反应。由式(8.5-A)得

$$\sqrt{M}=\sqrt{0.15\times0.1}=1.225\times10^{-1}，M=1.488\times10^{-2}$$

对于积液量多的慢反应，有

$$\alpha M\gg1 \tag{8.5-B}$$

故反应能在液相主体内反应完毕。

由式(8.5-B)得

$$\alpha\gg\frac{1}{M}=\frac{1}{1.488\times10^{-2}}=67.204$$

将式(8.6)代入式(8.5-A)得

$$\alpha\frac{k_1 Z_L}{k_{AL}}\gg1$$

则

$$Z_L\gg\frac{k_{AL}}{\alpha k_1}=\frac{10^{-4}}{67.204\times0.1}=1.488\times10^{-5}\ (\text{mm})$$

(3) 求 β 和 η 的值。

已知 $k_1=10\ \text{s}^{-1}$，$\alpha=30$，则由式(8.5-A)得

$$\sqrt{M}=\sqrt{0.15\times10}=1.225$$

因为 $0.3<\sqrt{M}<3$，反应属于中速反应，且 $\text{th}\sqrt{M}=\text{th}1.225=0.841$，由式(8.8)计算增强因子

$$\beta_1=\frac{\sqrt{M}}{\text{th}\sqrt{M}}=\frac{1.225}{0.841}=1.457$$

由式(8.9)计算有效因子

$$\eta_{L1}=\frac{1}{\alpha\sqrt{M}\text{th}\sqrt{M}}=\frac{1}{30\times1.225\times0.841}=3.236\times10^{-2}$$

8.6　试设计一填料反应塔，用于 NaOH 溶液逆流吸收 CO_2 过程。

操作条件：压强 p=15 atm，温度 T=20℃，进出口气体中 CO_2 含量分别为 1% 和 0.005%(体积)，空气处理量为 50000 Hm^3/d，碱液流量为 2.5 m^3/h，喷淋液浓度为 c_{NaOH}=1 $kmol/m^3$，塔径为 0.52 m。

已知数据：k_{AG}=2.35 $kmol/(m^2 \cdot atm \cdot h)$，$k_{AL}$=1.33 m/h，亨利系数 E_H=45.0 $m^3 \cdot atm/kmol$，D_{AL}=1.77×10^{-9} m^2/s，k_2=5700 $m^3/(kmol \cdot s)$，a=110 m^2/m^3。反应过程按一级不可逆反应考虑。

【解】　反应式为

$$CO_2 + 2NaOH \xrightarrow{\quad\quad} Na_2CO_3 + H_2O$$

已知 b=2，入塔 NaOH 浓度为 1.0 $kmol/m^3$，出塔 NaOH 浓度可由吸收塔的物料衡算式确定

$$F_{OG}(y_{A1} - y_{A2}) = -\frac{F_{OL}}{b}(c_{B2} - c_{B1}) \tag{8.6-A}$$

计算单位截面上气相摩尔流量

$$F_{OG} = \frac{50000}{24 \times 22.4 \times 0.785 \times 0.52^2} = 438.162\,[kmol/(m^2 \cdot h)]$$

计算单位截面上液相的体积流量

$$Q_{OL} = \frac{2.5}{0.785 \times 0.52^2} = 11.778\,[m^3/(m^2 \cdot h)]$$

将有关数据代入式(8.6-A)

$$438.162(0.01 - 10^{-5}) = -\frac{11.778}{2}(c_{B2} - 1)$$

$$c_{B2}=0.226\,kmol/m^3$$

因为反应过程可按一级不可逆反应考虑，所以用式(8.10)计算塔高

$$Z = \frac{F_{GI}}{p_I A_R k_{AG} a}\ln\frac{p_{A2}}{p_{A1}} + \frac{n}{p_I \sqrt{m}}\ln\frac{(\sqrt{m - p_{A2}} - \sqrt{m})(\sqrt{m - p_{A1}} + \sqrt{m})}{(\sqrt{m - p_{A2}} + \sqrt{m})(\sqrt{m - p_{A1}} - \sqrt{m})} \tag{8.6-B}$$

式中

$$m = \frac{c_{B1}F_{LI}p_I}{bF_{GI}c_I} + p_{A1} = \frac{1 \times 11.778 \times 15}{2 \times 438.162 \times 1} + 0.01 \times 15 = 0.352$$

$$n = \frac{1}{A_R H_A a}\sqrt{\frac{F_{GI}F_{LI}p_I}{bk_2 D_{AL}c_I}}$$

$$= \frac{45}{A_R \times 110}\sqrt{\frac{(438.162 \times A_R/3600) \times (11.778 \times A_R/3600) \times 15}{2 \times 5700 \times 1.77 \times 10^{-9} \times 1}} = 7.038$$

将 m、n 值代入式(8.6-B)得

$$Z = \frac{438.162 \times A_R}{15 \times A_R \times 2.35 \times 110} \ln \frac{0.01 \times 15}{10^{-5} \times 15}$$

$$+ \frac{7.038}{15\sqrt{0.352}} \ln \frac{(\sqrt{0.352 - 10^{-2} \times 15} - \sqrt{0.352})(\sqrt{0.352 - 10^{-5} \times 15} + \sqrt{0.352})}{(\sqrt{0.352 - 10^{-2} \times 15} + \sqrt{0.352})(\sqrt{0.352 - 10^{-5} \times 15} - \sqrt{0.352})}$$

$$=0.781+5.667=6.448(m)$$

8.7 试设计一填料反应塔，用于某化学脱硫过程。

操作条件：压强 p=1.0 atm(绝压)，全塔平均增强因子 β=48，进出塔气体中含硫分别为 2.2×10^{-3} kg/m^3 和 0.04×10^{-3} kg/m^3。

已知数据：k_{AG}=0.2 kmol/(m^2·atm·h)，k_{AL}=2×10^{-4} m/s，a=92 m^2/m^3，亨利系数 E_H=12 atm·m^3/kmol，单位塔截面气相中惰性组分的摩尔流量 F_{OGI}=32 kmol/(m^2·h)。

【解】 $\beta H_A k_{AL} = 48 \times \frac{1}{12} \times 2 \times 10^{-4} \times 3600 = 2.88 \gg 0.2 [\text{kmol}/(\text{m}^2 \cdot \text{h} \cdot \text{atm})]$

因此，可视为气膜控制。

由于 S 含量很低，且又不计平衡分压，则可按式(8.11)计算填料层高度

$$Z = \frac{F_{OG}}{k_{AG}ap} \ln \frac{y_{A2}}{y_{A1}} = \frac{32}{0.2 \times 92 \times 1} \ln \frac{2.2}{0.04} = 6.969 \, (m)$$

8.8 计算直径为 60 cm 的鼓泡塔的传递参数：(1)气泡直径；(2) 液侧传质系数；(3)气含率；(4)比相界面积。

操作条件：常压及 50℃下，用空气氧化十烷基铝的十四烷溶液。空气流量为 28 L/s。

已知数据：溶液的物性数据 ρ_L=770 kg/m^3，μ_L=0.1345 cP，σ_L=23.96 dyn/cm。氧及十烷基铝在液相中的扩散系数分别为 3.9×10^{-5} cm^2/s 和 7.36×10^{-6} cm^2/s。

【解】 塔的截面积

$$A_R=0.785 \times (0.6)^2=2.826 \times 10^{-1}(m^2)$$

由状态方程求操作条件下的体积流量

$$Q_1 = \frac{p_0 Q_0 T_1}{p_1 T_0} = \frac{2.8 \times 10^{-2} \times (273 + 50)}{273} = 3.313 \times 10^{-2} (m^3/s)$$

计算空塔气速

$$u_{0G} = \frac{Q_1}{A_R} = \frac{3.313 \times 10^{-2}}{2.826 \times 10^{-1}} = 1.172 \times 10^{-1} (m/s)$$

(1) 求气泡直径。

由式(8.12)计算气泡直径

$$d_{vs} = 26D_t \left(\frac{gD_t^2 \rho_L}{\sigma_L} \right)^{-0.5} \left(\frac{gD_t^3 \rho_L^2}{\mu^2} \right)^{-0.12} \left(\frac{u_{OG}}{\sqrt{gD_t}} \right)^{-0.12} \tag{8.8-A}$$

$$= 26D_t Bo^{-0.5} Ga^{-0.12} Fr^{-0.12}$$

式中

$$Bo = \frac{gD_t^2 \rho_L}{\sigma_L} = \frac{9.807 \times 0.6^2 \times 770}{23.96 \times 10^{-3}} = 1.135 \times 10^5$$

$$Ga = \frac{gD_t^3 \rho_L^2}{\mu^2} = \frac{9.807 \times 0.6^3 \times 770^2}{(0.1345 \times 10^{-3})^2} = 6.943 \times 10^{13}$$

$$Fr = \frac{u_{OG}}{\sqrt{gD_t}} = \frac{0.117}{\sqrt{9.807 \times 0.6}} = 4.832 \times 10^{-2}$$

将上述值代入式(8.8-A)得

$d_{vs} = 26 \times 0.6 \times (1.135 \times 10^5)^{0.5} \times (6.943 \times 10^{13})^{-0.12} \times (4.832 \times 10^{-2})^{-0.12} = 1.454 \times 10^{-3}$(m)

(2) 求液侧传质系数。

由式(8.13)计算 k_L

$$Sh = 2.0 + C_1 \left[Re^{0.484} Sc_L^{0.339} \left(\frac{d_{vs} g^{\frac{1}{3}}}{D_L^{\frac{2}{3}}} \right)^{0.072} \right]^{C_2}$$

或

$$\frac{k_L d_{vs}}{D_L} = 2.0 + C_1 \left[Re^{0.484} Sc_L^{0.339} \left(\frac{d_{vs} g^{\frac{1}{3}}}{D_L^{\frac{2}{3}}} \right)^{0.072} \right]^{C_2} \tag{8.8-B}$$

因为 $d_{vs} \leq 2$ mm，所以式(8.8-B)中 $C_1 = 0.463$，$C_2 = 1$

$$Re^{0.484} = \left(\frac{1.454 \times 10^{-3} \times 1.172 \times 10^{-1} \times 770}{0.1345 \times 10^{-3}} \right)^{0.484} = 27.977$$

$$Sc_L^{0.339} = \frac{\mu_L}{\rho_L D_L} = \left(\frac{0.1345 \times 10^{-3}}{770 \times 3.9 \times 10^{-9}} \right)^{0.339} = 3.629$$

将上述值及已知条件代入式(8.8-B)得

$$\frac{k_L \times 1.454 \times 10^{-3}}{3.9 \times 10^{-9}} = 2.0 + 0.463 \left\{ \left[27.977 \times 3.629 \frac{1.454 \times 10^{-3} \times 9.807^{1/3}}{(3.9 \times 10^{-9})^{2/3}} \right]^{0.072} \right\}^1$$

$$k_L = 8.260 \times 10^{-6}(\text{m/s})$$

(3) 求气含率 ε_G。

由式(8.15)得

$$\frac{\varepsilon_G}{(1-\varepsilon_{GT})^4} = C\left(\frac{gD_t^2\rho_L}{\sigma_L}\right)^{\frac{1}{8}}\left(\frac{gD_t^3\rho_L^2}{\mu_L^2}\right)^{\frac{1}{12}}\left(\frac{u_{OG}}{\sqrt{gD_t}}\right) = CBo^{\frac{1}{8}}Ga^{\frac{1}{12}}Fr \qquad (8.8\text{-}C)$$

因溶液中不存在电解质，$C=0.8$，将相关数据代入式(8.8-C)得

$$\frac{\varepsilon_G}{(1-\varepsilon_{GT})^4} = 0.2\times(1.135\times10^5)^{1/8}(6.943\times10^{13})^{1/12}(4.832\times10^{-2}) = 0.5895$$

试差得

$$\varepsilon_G = 0.21915$$

(4) 求比相界面积。

由式(8.16)得

$$a_{GL} = \frac{6\varepsilon_G}{d_{vs}} = \frac{6\times0.21915}{1.454\times10^{-3}} = 904.333\,(\text{m}^{-1})$$

8.9 试设计一鼓泡塔。操作条件：在 75℃等温下用空气氧化硫化钠水溶液，使溶液中的硫化钠浓度从 0.02 mol/L 降低至 2.56×10^{-4} mol/L。空气流速选定为 8 cm/s，每小时处理溶液 10 m^3，塔出口气体压力为 1 atm。试求塔径及塔内气液混合物层高。

已知数据：溶液的物性数据 $\rho_L=1$ g/cm^3；$\mu_L=0.1$ cP，$\sigma_L=72$ dyn/cm。氧及硫化钠在液相中的扩散系数分别等于 1.08×10^{-5} cm^2/s 和 2.7×10^{-5} cm^2/s。反应速率常数为 2930 L/(mol·s)。氧的溶解度系数为 1.13×10^6 mol/(cm^3·atm)。气膜阻力可忽略，反应式为 $2Na_2S+2O_2+H_2O \longrightarrow 2NaOH+Na_2S_2O_3$。

【解】 (1) 塔径假设。

由于气含率的计算涉及塔径，所以需先假设塔径。设塔径 $D_t=0.5$ m，则截面积

$$A_R = 0.785\times0.5\times0.5 = 0.196(\text{m}^2)$$

(2) 气含率。

气含率与塔内液体的物性及空塔气速等有关，ε_G 主要决定气液混合物的密度，则用式(8.15)计算气含率

$$\frac{\varepsilon_G}{(1-\varepsilon_{GT})^4} = C\left(\frac{gD_t^2\rho_L}{\sigma_L}\right)^{\frac{1}{8}}\left(\frac{gD_t^3\rho_L^2}{\mu_L^2}\right)^{\frac{1}{12}}\left(\frac{u_{OG}}{\sqrt{gD_t}}\right)$$

硫酸溶液属电解质溶液，故 C 取 0.25

$$\frac{\varepsilon_G}{(1-\varepsilon_{GT})^4} = 0.25\left(\frac{9.807\times0.16^2\times1000}{72\times10^{-3}}\right)^{\frac{1}{8}}\left(\frac{9.807\times0.16^3\times1000^2}{(1\times10^{-4})^2}\right)^{\frac{1}{12}}\left(\frac{0.08}{\sqrt{9.807\times0.16}}\right)$$

$$= 0.25\times4.7106\times10.2723\times3.4816\times10^{-2} = 0.497$$

解上式得

$$\varepsilon_G = 0.20177$$

(3) 气液混合物密度。

$$\rho_{GL} = \rho_L(1-\varepsilon_G) = 1000(1-0.20177) = 798.23(kg/m^3)$$

(4) 容积传质系数 $k_L a$。

因空塔气速为 0.08 m/s，流动处于湍流鼓泡区，用式(8.14)估算容积传质系数

$$k_L a = 0.6 D_L^{0.5}\left(\frac{\mu_L}{\rho_L}\right)^{-0.12}\left(\frac{\sigma_L}{\rho_L}\right)^{-0.62} D_t^{0.17} g^{0.93}\varepsilon_G^{1.1}$$

$$= 0.6(1.08\times10^{-9})^{0.5}\left(\frac{1\times10^{-4}}{1000}\right)^{-0.12}\left(\frac{72\times10^{-3}}{1000}\right)^{-0.62}(0.5)^{0.17}9.807^{0.93}0.2018^{1.1}$$

$$= 6.451\times10^{-2}$$

由 $a \propto u_{0G}^{0.7}$，有

$$a:0.08^{0.7} = 1860:0.18^{0.7}, \quad a = 1860(0.08/0.18)^{0.7} = 1054.351(m^{-1})$$

$$k_L = 6.118\times10^{-5}(m/s)$$

(5) 计算塔内应有液层高度。

先计算液膜转化系数

$$\sqrt{M} = \sqrt{\frac{k_2 D_{AL}c_{BL}}{k_L^2}} = \sqrt{\frac{2930\times1.08\times10^{-9}\times0.02}{(6.118\times10^{-4})^2}} = 4.112$$

由于 $\sqrt{M}>3$，故反应为快速反应。转化率为

$$X_A = X_B = (0.02-2.56\times10^{-4})/0.02 = 98.72\%$$

$$r_B = k_2 c_B^2 = 2930\times0.02^2\times(1-0.9872)^2 = 1.92\times10^{-4}[mol/(L\cdot s)]$$

设塔内液相为全混流，所需液体体积可由物料衡算求得

$$Q_L c_{BL1} X_B = V_L r_B$$

$$V_L = \frac{Q_L c_{BL1} X_B}{r_B} = \frac{10/3600\times0.02\times0.9872}{1.92\times10^{-4}} = 0.286(m^3)$$

静液层高

$$Z_L = \frac{V_L}{A_R} = \frac{0.286}{0.196} = 1.459(m)$$

充气液层高

$$Z_{GL} = \frac{Z_L}{1-\varepsilon_G} = \frac{1.459}{1-0.20177} = 1.828(m)$$

计算 Z_{GL}/D_t 比值

$$Z_{GL}/D_t = 1.828/0.5 = 3.656$$

符合 $3<Z_{GL}/D_t<12$ 的要求，说明假设塔径 $D_t=0.5$ m 正确。

8.5　练　习　题

【8.1】　应用双膜理论对下列情况分别给出气相及液相中反应物及产物浓度分布示意图。(1) 苯与氯反应，$\sqrt{M} \ll 1$，$\eta=1$；(2) 纯氨气与硫酸水溶液反应，硫酸浓度等于临界浓度。

答案：(1) 按极慢反应绘制；(2) 按极快反应绘制。

【8.2】　浓度为 0.03879 mol/L 的 $(NH_4)_2SO_3$ 水溶液在某温度下被氧化，氧的溶解度为 0.00133 mol/L。反应速率常数等于 1.489×10^6 L/(mol·s)，氧及 $(NH_4)_2SO_3$ 在溶液中的扩散系数分别为 2.25×10^{-5} cm²/s 和 1.71×10^{-5} cm²/s，$k_L=0.075$ cm/s，试计算吸收速率。

答案：8.58×10^{-7} mol/(cm²·s)。

【8.3】　50℃下用空气氧化十烷基铝的十四烷溶液，十烷基铝的浓度为 0.04 mol/L，氧在液相中的扩散系数为 3.9×10^{-5} cm²/s，反应速率常数为 55337 L/(mol·s)，试计算：(1) 增强因子；(2) 有效因子。

答案：(1) 3.67；(2) 0。

【8.4】　硫化氢被 pH=9.5 的缓冲溶液在常温常压下吸收，吸收塔内积液量为 10 m³，液体流量为 100 m³/h，问塔内进行的反应可否视为物理吸收过程。

已知 H_2S 与 OH$^-$ 的反应速率方程为 $r = kc_{H_2S}c_{OH^-}$，而 k 在常压下为 10^5 m³/(kmol·s)。

答案：不能视为物理吸收过程。

【8.5】　填料塔中，铜液吸收 CO_2 为 $\alpha M \ll 1$ 的拟一级慢反应，进塔 CO_2 为 1%，出塔为 0.002%，试估计气量增加 10%时(溶液量和进塔气组成不变)，出塔 CO_2 摩尔分数如何变化。

答案：由 0.002%变为 0.0035%。

【8.6】　常压下在一填料塔反应器中用含 0.05 kmol/m³ 组分 B 的水溶液吸收空气中的组分 A(体积分数为 1.0%)，求将组分 A 的浓度降至 0.2%所需的填料层高度。已知：单位截面上气体摩尔流量为 50 kmol/(m²·h)，水溶液单位截面上体积流量为 10 m³/(m²·h)，$k_Ga=32$ kmol/(m³·h·atm)，$k_La=2.5$ h^{-1}，$E_H=1.3 \times 10^{-5}$ atm·m³/mol，$D_A=D_B$，反应为不可逆瞬间反应：$2A(g)+B(l) \longrightarrow L(l)$。

答案：5.28 m。

【8.7】　在 2 MPa(约 20 atm)下，在填料塔中用 1.7 kmol/m³ 的乙醇胺溶液吸收 CO_2，进气组成为 CO_2 2.5%，出塔气体含 CO_2 0.002%，空塔单位截面上气相摩尔流量为 3.16×10^{-2} kmol/(m²·s)。若其反应过程可作虚拟一级不可逆反应处理，不计乙醇胺的二氧化碳平衡分压和吸收过程的浓度变化，试求塔高。又若塔高增大一倍，出塔二氧化碳含量为多少？

已知：$D_{AL}=1.4 \times 10^{-9}$ m²/s(CO_2)，$k_L=2.2 \times 10^{-4}$ m/s，$k_G=0.208$ kmol/(m²·h·atm)=

2.08 kmol/(m²·h·MPa)，H_A=0.025 kmol/(m³·atm)=0.25 kmol/(m³·MPa)，a=140 m²/m³，k_2=1.02×10⁴ m³/(kmol·s)。

答案：塔高 2.04 m；塔高增加 1 倍，出塔 CO₂ 为 1.6×10⁻⁶%。

【8.8】　在 2 MPa(约 20 atm)下，在填料塔中用乙醇胺吸收 CO₂，进气组成为 CO₂ 25%、N₂ 18.7%及 H₂ 56.3%，按不溶气体计算的单位截面上摩尔流量为 3.6×10⁻³ mol/(cm²·s)，进塔液为 2.5 mol/L 的乙醇胺，其中[RNH₂COO⁻]/[RNH₂]=0.15，液体单位截面上体积流量为 1.69 cm³/(cm²·s)。反应按二级不可逆处理，k_2=10200 L/(mol·s)，在 90℃等温下逆流操作，要求出塔气体中含 CO₂ 0.002%，试求填料层高度。

已知：D_{AL}=1.4×10⁻⁵ cm²/s(CO₂)，D_{BL}=0.77×10⁻⁵ cm²/s(乙醇胺)，k_L=0.022 cm/h，$k_G a$=8.1×10⁻⁶ mol/(cm³·atm)=8.1×10⁻⁵ mol/(cm³·MPa)，H_A=2.5×10⁻⁵ mol/(cm³·atm) =2.5×10⁻⁴ mol/(cm³·MPa)，a=1.4 cm²/cm³。

答案：350 cm。

【8.9】　乙烯气液相氧化生产乙醛的反应式为 C₂H₄+0.5O₂ $\xrightarrow{催化剂}$ CH₃CHO。操作条件：反应温度为 125℃，反应器顶部空间气体压力为 5 atm(绝)，在工况下最适宜的空塔气速为 0.3 m/s，进入气体中的摩尔配比为 C₂H₄:O₂:CO₂:N₂=68:17:8:7，用经验方法计算年产 1.5 万 t 乙醛的鼓泡塔高和直径。

已知：在鼓泡塔反应器中，乙烯单程转化率为 35%，乙烯单耗为 700 kg(100%)/t 乙醛，氧气单耗为 280 m³(NTP)/t 乙醛，空时收率为 150 g/(L·h)(乙醛)。

答案：鼓泡塔充气液层高为 18.31 m，直径为 1.2 m。

第9章 聚合反应器

9.1 内容框架

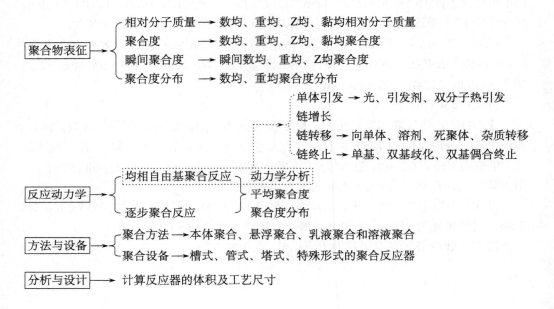

9.2 知识要点

9-1 了解高分子合成的特点和分类。

9-2 了解连锁聚合反应的分类，并掌握自由基聚合反应的机理及总反应速率方程的推导。

9-3 了解聚合方法的类型和特点。

9.3 主要公式

重均聚合度分布

$$W(j) \equiv \frac{j[P_j]}{\sum_{j=1}^{\infty} j[P_j]} \tag{9.1}$$

数均聚合度

$$\overline{P}_n = \frac{\displaystyle\sum_{j=1}^{\infty} j[P_j]}{\displaystyle\sum_{j=1}^{\infty} [P_j]} = \frac{\mu_1}{\mu_0} \tag{9.2}$$

重均聚合度

$$\overline{P}_w = \frac{\displaystyle\sum_{j=1}^{\infty} j^2[P_j]}{\displaystyle\sum_{j=1}^{\infty} j^1[P_j]} = \frac{\mu_2}{\mu_1} \tag{9.3}$$

Z 均聚合度

$$\overline{P}_Z = \frac{\displaystyle\sum_{j=1}^{\infty} j^3[P_j]}{\displaystyle\sum_{j=1}^{\infty} j^2[P_j]} = \frac{\mu_3}{\mu_2} \tag{9.4}$$

相对分子质量的分布是正态分布

$$\overline{P}_Z : \overline{P}_w : \overline{P}_n = 3 : 2 : 1 \tag{9.5}$$

自由基聚合反应的总速率方程

$$r_M = -\frac{\mathrm{d}[M]}{\mathrm{d}t} = k_p \left(\frac{fk_d}{k_{tc}} \right)^{1/2} [I]^{1/2}[M] = k[M] \tag{9.6}$$

单体 M 的转化率

$$X_M = \frac{[M]_0 - [M]}{[M]_0} \tag{9.7}$$

瞬间数均聚合度

$$\frac{1}{\overline{p}_n} = \frac{(fk_d[I]k_{tc})^{1/2}}{k_p[M]_0(1 - X_M)} + k_f \tag{9.8}$$

累积数均聚合度

$$\overline{P}_n = \frac{X_M}{\displaystyle\int_0^{X_M} (1/\overline{p}_n)\mathrm{d}X_M} = \frac{X_M}{\displaystyle\int_0^{X_M} \left[\frac{(fk_d[I]k_{tc})^{1/2}}{k_p[M_0](1 - X_M)} + k_f \right] \mathrm{d}X_M} \tag{9.9}$$

间歇反应器：$[P_1^*]$、$[P_j^*]$、v_{tf}、瞬间数均聚合度分布、瞬间重均聚合度分布关系式如下

$$[R^*] = \frac{2fk_d[I] + k_{fm}[P^*][M]}{k_p[M] + k_{fm}[M] + k_{fs}[S] + 2k_{tc}[P^*]} = \frac{1}{1 + v_{tf}}[P^*] \tag{9.10}$$

$$[P_j^*] = \frac{k_p[P_{j-1}^*][M]}{k_p[M] + k_{fm}[M] + k_{fs}[S] + 2k_{tc}[P^*]}$$

$$= \frac{v_{tf}}{1+v_{tf}}[P_{j-1}^*] = \left(\frac{v_{tf}}{1+v_{tf}}\right)^{j-1}\left(\frac{1}{1+v_{tf}}\right)[P^*] \tag{9.11}$$

$$v_{tf} = \frac{k_p[M]}{k_{fm}[M] + k_{fs}[S] + 2k_{tc}[P^*]} \tag{9.12}$$

$$f_n(j) = \frac{[P_j^*]}{[P^*]} = \left(\frac{v_{tf}}{1+v_{tf}}\right)^{j-1}\frac{1}{1+v_{tf}} \tag{9.13}$$

$$w(j) = \frac{jr_{Pj}}{\sum_{j=1}^{\infty} jr_{Pj}} = \frac{jr_{Pj}}{-r_M} = \frac{jf(j)}{\bar{p}_n} \tag{9.14}$$

$$\frac{d[P_j]}{-d[M]} = \left(\frac{v_{tf}}{1+v_{tf}}\right)^{j} = \varphi([M]) = \varphi'(X_M) \tag{9.15}$$

全混流反应器：停留时间、瞬间数均聚合度分布、瞬间重均聚合度分布关系式如下

$$\tau_m = \frac{1}{k}\left[\frac{1}{1-X_M}-1\right] \tag{9.16}$$

$$f_n(j) \approx \frac{1}{v_{tf}}\exp\left(-\frac{j}{v_{tf}}\right) \tag{9.17}$$

$$w(j) = \frac{jf_n(j)}{\bar{p}_n} = \frac{j}{2v_{tf}^2}\exp\left(-\frac{j}{v_{tf}}\right) \tag{9.18}$$

9.4　习 题 解 答

9.1　已知某聚合物的重均聚合度分布函数 $W(i)$ 如下

$j\times10^{-3}$	0	0.2	0.4	0.6	0.8	1.0	1.5	2.0	2.5	3.0	3.5	4.0
$W(i)\times10^4$	0	2.8	5.1	6.4	6.65	6.2	4.1	2.2	0.8	0.25	0.1	0

试求此聚合物的数均、重均及 Z 均聚合度。

【解】　由重均聚合度分布式(9.1)知

$$W(j) \equiv \frac{j[P_j]}{\sum_{j=1}^{\infty} j[P_j]} \tag{9.1-A}$$

由数均聚合度式(9.2)知

$$\overline{P}_{\mathrm{n}} = \frac{\displaystyle\sum_{j=1}^{\infty} j[P_j]}{\displaystyle\sum_{j=1}^{\infty} [P_j]} = \frac{1}{\displaystyle\sum_{j=1}^{\infty} \frac{W(j)}{j}} \tag{9.1-B}$$

由重均聚合度式(9.3)知

$$\overline{P}_{\mathrm{w}} = \frac{\displaystyle\sum_{j=1}^{\infty} j^2[P_j]}{\displaystyle\sum_{j=1}^{\infty} j^1[P_j]} = \sum_{j=1}^{\infty} jW(j) \tag{9.1-C}$$

由 Z 均聚合度式(9.4)知

$$\overline{P}_{Z} = \frac{\displaystyle\sum_{j=1}^{\infty} j^3[P_j]}{\displaystyle\sum_{j=1}^{\infty} j^2[P_j]} = \frac{\displaystyle\sum_{j=1}^{\infty} j^2W(j)}{\displaystyle\sum_{j=1}^{\infty} jW(j)} \tag{9.1-D}$$

若将 $W(j)$ 作为连续函数，用数值积分代替求和 $\displaystyle\sum_{j=1}^{\infty}$ 来进行计算。现以 $\overline{P}_{\mathrm{n}}$ 的计算为例，将积分区间分为 $j=0\sim1.0\times10^3$ 及 $j=1.0\times10^3\sim4.0\times10^3$ 两个区域，分别用梯形法则进行数值积分。由表中数据可计算所需的相应数据。

$j\times10^{-3}$	$W(j)\times10^4$	$W(j)/j\times10^7$	$jW(j)$	$j^2W(j)$
0	0	0	0	0
0.2	2.8	14.000	0.056	11.2
0.4	5.1	12.750	0.204	81.6
0.6	6.4	10.667	0.384	230.4
0.8	6.65	8.313	0.532	425.6
1	6.2	6.200	0.62	620
1.5	4.1	2.733	0.615	922.5
2	2.2	1.100	0.44	880
2.5	0.8	0.320	0.2	500
3	0.25	0.083	0.075	225
3.5	0.1	0.029	0.035	122.5
4	0	0	0	0

所以，式(9.1-B)可写为

$$\overline{P}_n = \left[\int_0^{4.0\times10^3} \frac{W(j)}{j}\,\mathrm{d}j\right]^{-1} = \left[\int_0^{1.0\times10^3} \frac{W(j)}{j}\,\mathrm{d}j + \int_{1.0\times10^3}^{4.0\times10^3} \frac{W(j)}{j}\,\mathrm{d}j\right]^{-1}$$

$$= \{0.2\times10^3[0 + 2(14.00+12.75+10.667+8.313)+6.2]/2\times10^{-7}$$
$$+ 0.5\times10^3[6.2 + 2(2.733+1.10+0.32+0.083+0.029)+0]/2\times10^{-7}\}^{-1}$$
$$= 743.58$$

同理可得

$$\overline{P}_w = 1.135\times10^3$$
$$\overline{P}_Z = 1.491\times10^3$$

9.2 在等温间歇槽式反应器中，进行某一自由基聚合反应，其机理为

链引发

$$I \xrightarrow{k_d} 2R^*$$

$$R^* + M \xrightarrow{k_i} P_1^* \qquad\qquad r_i = 2fk_d[I]$$

链增长

$$P_j^* + M \xrightarrow{k_p} P_{j+1}^* \qquad\qquad r_p = k_p[M][P^*]$$

向单体链转移

$$P_j^* + M \xrightarrow{k_{fm}} P_j + R^* \qquad\qquad r_{fm} = k_{fm}[M][P^*]$$

向溶剂链转移

$$P_j^* + S \xrightarrow{k_{fs}} P_j + S^* \qquad\qquad r_{fs} = k_{fs}[S][P^*]$$

偶合终止

$$P_j^* + P_i^* \xrightarrow{k_{tc}} P_{j+i} \qquad\qquad r_{tc} = 2k_{tc}[P^*]^2$$

已知$[M_0]$=7.17 mol/L，$[S]$=1.32 mol/L，f=0.52，$[I]$=10^{-3} mol/L，k_d=8.22×10^{-5} s^{-1}，k_p=5.09×10^2 L/(mol·s)，k_{tc}=5.95×10^7 L/(mol·s)，k_{fm}=0.079 L/(mol·s)，k_{fs}=1.34×10^{-4} L/(mol·s)，试求：

(1) 如果要求转化率达 70%，反应时间为多少？

(2) 当 X=70%时，累积数均聚合度为多少？

(3) 当 X=70%时，瞬间数均与重均聚合度的分布；

(4) 当 X=70%时，在等温间歇槽式反应器内的重均聚合度分布及在全混流反应器内的重均聚合度分布，并绘图加以比较；

(5) 反应若改在平推流反应器中进行，试求重均聚合度分布，并与间歇反应器中的情况进行比较。

【解】 由题意知，单体的反应速率为

$$r_M = -\frac{\mathrm{d}[M]}{\mathrm{d}t} = r_i + r_p + r_{fm} + r_{fs} \cong k_p[P^*][M] \qquad\qquad (9.2\text{-A})$$

根据定态近似假设

$$\frac{\mathrm{d}[P^*]}{\mathrm{d}t} = 0, \quad r_i = r_{tc}$$

所以

$$2fk_d[I] = 2k_{tc}[P^*]^2$$

即

$$[P^*] = \left[\frac{fk_d[I]}{k_{tc}}\right]^{1/2} = \left[\frac{0.52 \times 8.22 \times 10^{-5} \times 10^{-3}}{5.95 \times 10^7}\right]^{1/2} = 2.68 \times 10^{-8} \qquad (9.2\text{-B})$$

代入式(9.2-A)，得

$$r_M = -\frac{\mathrm{d}[M]}{\mathrm{d}t} = k_p \left[\frac{fk_d[I]}{k_{tc}}\right]^{1/2}[M] = k[M] \qquad (9.2\text{-C})$$

式中

$$k = k_p \left[\frac{fk_d[I]}{k_{tc}}\right]^{1/2} = 5.09 \times 10^2 \left[\frac{0.52 \times 8.22 \times 10^{-5} \times 10^{-3}}{5.95 \times 10^7}\right]^{1/2} = 1.364 \times 10^{-5}(\mathrm{s}^{-1})$$

代入式(9.2-C)，有

$$-\frac{\mathrm{d}[M]}{\mathrm{d}t} = 1.364 \times 10^{-5}[M] \qquad (9.2\text{-D})$$

积分式(9.2-D)，得

$$t = -\int_{[M_0]}^{[M]} \frac{\mathrm{d}[M]}{k[M]} = \frac{1}{k}\ln\frac{[M_0]}{[M]} \text{ 或 } t = \frac{1}{k}\ln\frac{1}{1-X_M} \qquad (9.2\text{-E})$$

(1) 求转化率达 70%的反应时间。

将已知数据代入式(9.2-E)，得

$$t = \frac{1}{1.364 \times 10^{-5}}\ln\frac{1}{1-0.7} = 8.827 \times 10^4(\mathrm{s}) = 24.519(\mathrm{h})$$

(2) 求转化率达 70%的累积数均聚合度。

据题给机理，其瞬间数均聚合度为

$$\bar{p}_n = \frac{r_M}{\sum r_{pj}} = \frac{k_p[M][P^*]}{k_{tc}[P^*]^2 + k_{fm}[M][P^*] + k_{fs}[S][P^*]} \qquad (9.2\text{-F})$$

$$\frac{1}{\bar{p}_n} = \frac{k_{tc}[P^*] + k_{fs}[S]}{k_p[M]} + \frac{k_{fm}}{k_p}$$

将式(9.2-B)及已知数据代入式(9.2-F)得

$$\frac{1}{\bar{p}_n} = \frac{6.138 \times 10^{-4}}{(1-X_M)} + 1.552 \times 10^{-4} \qquad (9.2\text{-G})$$

若 $X_M = 70\%$，则

$$\frac{1}{\overline{p}_n} = 22.012 \times 10^{-4}$$

式(9.2-G)代入累积数均聚合度式(9.9)，并整理得

$$\overline{P}_n = \frac{X_M}{\int_0^{X_M} (1/\overline{p}_n) \mathrm{d}X_M} = \frac{X_M}{\int_0^{X_M} \left[\dfrac{6.138 \times 10^{-4}}{(1 - X_M)} + 1.552 \times 10^{-4} \right] \mathrm{d}X_M} \tag{9.2-H}$$

积分式(9.2-H)得

$$\frac{1}{\overline{P}_n} = 1.552 \times 10^{-4} X_M + 6.138 \times 10^{-4} \ln \frac{1}{1 - X_M} \tag{9.2-I}$$

由式(9.2-I)即可算出 $\overline{P}_n$ 随 X_M 的变化关系，结果如下

X_M	0.1	0.2	0.3	0.4	0.5	0.6	0.7
$\overline{P}_n \times 10^{-4}$	0.455	0.342	0.267	0.213	0.172	0.139	0.112

由上述计算可知，当 X_M=70%时，$\overline{P}_n$ =1120。

(3) 求转化率达 70%的瞬间数均与重均聚合度的分布。

由式(9.12)计算

$$v_{tf} = \frac{k_p[M]}{k_{fm}[M] + k_{fs}[S] + 2k_{tc}[P^*]} \tag{9.2-J}$$

由式(9.13)得瞬间数均聚合度分布

$$f_n(j) = \frac{[P_j^*]}{[P^*]} = \left(\frac{v_{tf}}{1 + v_{tf}} \right)^{j-1} \left(\frac{1}{1 + v_{tf}} \right) \tag{9.2-K}$$

当 j 值足够大时

$$\left(\frac{v_{tf}}{1 + v_{tf}} \right)^{j-1} = \exp\left(-\frac{j}{v_{tf}} \right)$$

因为在一般情况下 $v_{tf} \gg 1$，故

$$\left(\frac{1}{1 + v_{tf}} \right) \approx \frac{1}{v_{tf}}$$

则式(9.2-K)为

$$f_n(j) = \frac{1}{v_{tf}} \exp\left(-\frac{j}{v_{tf}} \right) \tag{9.2-L}$$

由于偶合终止速率远大于链转移速率，式(9.2-F)和式(9.2-J)可简化为

$$\overline{p}_n = \frac{k_p[M][P^*]}{k_{tc}[P^*]^2} \tag{9.2-M}$$

$$v_{tf} = \frac{k_p[M][P^*]}{2k_{tc}[P^*]^2} \tag{9.2-N}$$

有

$$\bar{p}_n = 2v_{tf} \tag{9.2-O}$$

由式(9.2-G)和式(9.2-L)得瞬间数均聚合度分布关系式

$$f_n(j) = \left(\frac{12.276 \times 10^{-4}}{1 - X_M} + 3.104 \times 10^{-4}\right) \exp\left[-j\left(\frac{12.276 \times 10^{-4}}{1 - X_M} + 3.104 \times 10^{-4}\right)\right] \tag{9.2-P}$$

由式(9.14)得瞬间重均聚合度分布

$$w(j) = \frac{jf_n(j)}{\bar{p}_n} = \frac{jf_n(j)}{2v_{tf}} = \frac{j}{2v_{tf}^2} \exp\left(-\frac{j}{v_{tf}}\right)$$

$$= \frac{j}{2}\left(\frac{12.276 \times 10^{-4}}{1 - X_M} + 3.104 \times 10^{-4}\right)^2 \exp\left[-j\left(\frac{12.276 \times 10^{-4}}{1 - X_M} + 3.104 \times 10^{-4}\right)\right]$$

$$\tag{9.2-Q}$$

由式(9.2-P)和式(9.2-Q)计算可得图 9.2-A。由图可见，随 j 的增加，$f_n(j)$ 不断下降，$w(j)$ 存在极大值。

(4) 求 $X_M=70\%$ 时，在等温间歇槽式反应器内的重均聚合度分布及在全混流反应器内的重均聚合度分布。

对于全混流反应器，定态下，瞬时重均聚合度分布等于累积重均聚合度分布，即

$$W(j) = w(j)$$

$$= \frac{j}{2}\left(\frac{12.276 \times 10^{-4}}{1 - X_M} + 3.104 \times 10^{-4}\right)^2 \exp\left[-j\left(\frac{12.276 \times 10^{-4}}{1 - X_M} + 3.104 \times 10^{-4}\right)\right] \tag{9.2-R}$$

对于间歇槽式反应器，累积重均聚合度分布函数为

$$W(j) = \frac{1}{X_M}\int_0^{X_M} w(j)\mathrm{d}X_M$$

$$= \frac{1}{X_M}\int_0^{X_M} w(j)\mathrm{d}X_M$$

$$= \frac{1}{X_M}\int_0^{X_M} \frac{j}{2}\left(\frac{12.276 \times 10^{-4}}{1 - X_M} + 3.104 \times 10^{-4}\right)^2 \exp\left[-j\left(\frac{12.276 \times 10^{-4}}{1 - X_M} + 3.104 \times 10^{-4}\right)\right]\mathrm{d}X_M$$

$$\tag{9.2-S}$$

将式(9.2-S)采用梯形法数值积分，积分结果和式(9.2-R)的结果一起列于表 9.2-A 及图 9.2-B 中。

表 9.2-A　重均聚合度分布

j	50	100	200	250	300	400	500	800	1000
$W(j)\times10^4$ (CSTR)	3.888	6.240	8.035	8.059	7.760	6.662	5.362	2.290	1.187
$W(j)\times10^4$ (BR)	1.416	2.447	3.677	3.997	4.178	4.252	4.086	3.089	2.410

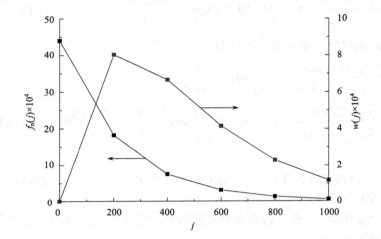

图 9.2-A　$f_n(j)$ 或 $w(j)$ 与 j 的关系

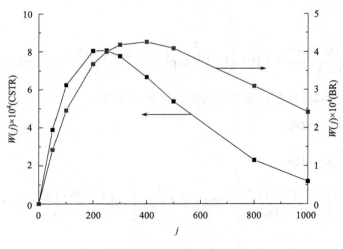

图 9.2-B　重均聚合度分布

(5) 求 X_M=70%时，在平推流反应器内的重均聚合度分布。

因为在平推流反应器内的停留时间与间歇反应器内的反应时间数值上完全相同，所以平推流反应器内的重均聚合度分布与间歇反应器一致。

9.3　应用定态近似假设，推导引发、单基终止，无链转移的自由基聚合反应速率、瞬时平均聚合度及聚合度分布的表达式。

【解】　机理及速率方程为

链引发

$$I \xrightarrow{k_d} 2R^* \qquad\qquad r_i = 2fk_d[I]$$

$$R^* + M \xrightarrow{k_i} P_1^*$$

链增长

$$P_j^* + M \xrightarrow{k_p} P_{j+1}^* \qquad r_p = k_p[M][P^*]$$

单基终止

$$P_j^* \xrightarrow{k_{t1}} P_j \qquad\qquad r_{t1} = 2k_{t1}[P^*]^2$$

对 M 作物料衡算，有

$$-\frac{\mathrm{d}[M]}{\mathrm{d}t} = r_i + r_p \tag{9.3-A}$$

由于链引发所消耗的单体量远小于链增长所消耗的量，故可忽略 r_i，即单体的总消耗速率为

$$-\frac{\mathrm{d}[M]}{\mathrm{d}t} \approx r_p = k_p[M][P^*] \tag{9.3-B}$$

式中，$[P^*]$难以测定，但可进行转换。

在定态下

$$\frac{\mathrm{d}[R^*]}{\mathrm{d}t} = \left(\frac{\mathrm{d}[R^*]}{\mathrm{d}t}\right)_d - \left(\frac{\mathrm{d}[R^*]}{\mathrm{d}t}\right)_i = 2fk_d[I] - k_i[R^*][M] \approx 0 \tag{9.3-C}$$

即

$$2fk_d[I] = k_i[R^*][M]$$

同样，系统自由基总浓度也是恒定不变的，且一般 $r_{fs} \ll r_{tc}$，可忽略 r_{fs}，所以

$$\frac{\mathrm{d}[P^*]}{\mathrm{d}t} = r_i - r_{t1} = 2fk_d[I] - 2k_{t1}[P^*] \approx 0$$

则

$$[P^*] = \frac{fk_d[I]}{k_{t1}} \tag{9.3-D}$$

代入式(9.3-B)，得过程的总速率方程为

$$r_M = -\frac{\mathrm{d}[M]}{\mathrm{d}t} = k_p \frac{fk_d}{k_{t1}}[I][M] = k[M] \tag{9.3-E}$$

在间歇恒容过程中单体 M 的转化率为

$$X_M = \frac{[M]_0 - [M]}{[M]_0} \tag{9.3-F}$$

由瞬间数均聚合度定义式知

$$\bar{p}_n = \frac{r_M}{r_P} \approx \frac{\left(-\dfrac{d[M]}{dt}\right)_P}{\left(\dfrac{d[P]}{dt}\right)_{t1}} = \frac{k_p[M][P^*]}{2k_{tc}[P^*]} = \frac{k_p[M]}{2k_{t1}} \tag{9.3-G}$$

将式(9.3-F)代入式(9.3-G)，整理得

$$\frac{1}{\bar{p}_n} = \frac{2k_{t1}}{k_p[M]_0(1-X_M)} \tag{9.3-H}$$

累积数均聚合度为

$$\bar{P}_n = \frac{X_M}{\displaystyle\int_0^{X_M} (1/\bar{p}_n)\,dX_M} = \frac{X_M}{\displaystyle\int_0^{X_M} \frac{2k_{t1}}{k_p[M_0](1-X_M)}\,dX_M} \tag{9.3-I}$$

由瞬间数均聚合度分布函数的定义知

$$f_n(j) = \frac{r_{Pj}}{\displaystyle\sum_{j=2}^{\infty} r_{Pj}} = \frac{r_{Pj}}{r_P} = \frac{[P_j^*]}{[P^*]} \tag{9.3-J}$$

要求 $f_n(j)$，需求出不同自由基的生成速率，在定态时，大小不等的自由基生成速率应恒定，即

$$\frac{d[P_j^*]}{dt} = 0, \quad j=1, 2, \cdots, \infty \tag{9.3-K}$$

对 $[P_1^*]$ 作物料衡算可得

$$\frac{d[P_1^*]}{dt} = 2fk_d[I] - k_p[P_1^*][M] - 2k_{t1}[P_1^*] = 0$$

所以

$$[P_1^*] = \frac{2fk_d[I]}{k_p[M] + 2k_{t1}} \tag{9.3-L}$$

同理，对 $[P_j^*]$ 作物料衡算可得

$$\frac{d[P_j^*]}{dt} = k_p[P_{j-1}^*][M] - k_p[P_j^*][M] - 2k_{t1}[P_j^*] = 0$$

所以

$$[P_j^*] = \frac{k_p[P_{j-1}^*][M]}{k_p[M] + 2k_{t1}} = \frac{v_{tf}}{1 + v_{tf}}[P_{j-1}^*] \tag{9.3-M}$$

式中

$$v_{tf} = \frac{k_p[M]}{2k_{t1}} = \frac{链生长中单体的消耗速率}{链终止速率} \tag{9.3-N}$$

将式(9.3-D)代入式(9.3-L)，得

$$[P_1^*] = \frac{1}{1+v_{tf}}[P^*] \tag{9.3-O}$$

同理，迭代可得

$$[P_j^*] = \left(\frac{v_{tf}}{1+v_{tf}}\right)^{j-1}\left(\frac{1}{1+v_{tf}}\right)[P^*] \tag{9.3-P}$$

此时

$$f_n(j) = \frac{[P_j^*]}{[P^*]} = \left(\frac{v_{tf}}{1+v_{tf}}\right)^{j-1}\left(\frac{1}{1+v_{tf}}\right) \tag{9.3-Q}$$

9.5 练 习 题

【9.1】 写出由下列各组单体生成聚合物的反应式，并分别指出构成各种聚合物的单体单元和重复单元。假设各种聚合物的聚合度为1000，试计算它们的相对分子质量。

(1) $CH_2{=}CHCOOH$； (2) $HO(CH_2)_5COOH$；

(3) $H_2N(CH_2)_{10}NH_2+HOOC(CH_2)_8COOH$。

答案：(1) 72000； (2) 114000； (3) 370000。

【9.2】 甲基丙烯酸甲酯用过氧化苯甲酰为引发剂，在 60℃进行聚合，现欲在其他条件(单体浓度、引发剂浓度)不变的情况下，使聚合时间缩短至 60℃时聚合时间的一半，试计算所需的反应温度。已知引发剂分解活化能 E_d=124.4 kJ/mol，链增长活化能 E_p=26.4 kJ/mol，链终止活化能 E_t=11.7 kJ/mol。

答案：68.3℃。

【9.3】 甲基丙烯酸甲酯用 ABIN 引发，在 60℃下进行本体聚合，已知 k_d=1.16×10^{-5} s^{-1}，f = 0.52，k_p=367 L/(mol·s)，k_t=0.93×10^7 L/(mol·s)(双基终止)，如引发剂浓度为 3×10^{-3} mol/L，试计算：

(1) 用间歇反应器预聚合到转化率达 10%所需的时间；

(2) 在全混流反应器中以 30 L/min 的流速达到 10%转化率所需的反应器体积；

(3) 如将预聚合液放在模框中，仍在 60℃下转化至 95%所需的时间；

(4) 预聚合的相对分子质量分布。

答案：(1) 1.274 h； (2) 2.43 m^3； (3) 35 h； (4) 由下式绘出预聚合的相对分子质量分布曲线：

$$\frac{[P_j]}{[M]_0-[M]} = \frac{k_{tc}f[I]}{2k_p^2}\left[\left\{[M]^{-1}+\frac{k_p}{j(f[I]k_{tc})^{0.5}}\right\}\exp\left(\frac{-j(f[I]k_{tc})^{0.5}}{k_p[M]}\right)\right]_{[M]}^{[M]_0}$$

附录 A 概 念 题

A.1 0~4 章填空题

0.1 化学反应按相态可分为( )和( )反应。

0.2 化学反应按热特性可分为( )和( )两类。

0.3 化学反应按机理可分为( )和( )两类。

0.4 化学反应按选择性可分为( )和( )。$N_2+3H_2 \rightleftharpoons 2NH_3$ 按相态分应属于( )反应。

0.5 化学反应按温度可分为( )和( )。绝热反应属于( )温反应。

0.6 变温反应可分为( )和( )反应。

0.7 化学反应按压力可分为( )、( )和( )反应。

0.8 非均相反应的特点是反应中存在( )传递过程。

0.9 化学反应器按几何构型分类,可分为( )、( )和( )反应器三类。

0.10 化学反应器按操作方式可分为( )、( )和( )反应器。

0.11 化学反应工程主要研究( )反应器的优化问题。

0.12 化学反应工程学最重要、最困难的任务是反应器的( )。

0.13 化学反应工程学的基本研究方法是( )法。

0.14 所谓数学模型就是用数学语言来表达过程中各( )之间关系的方程式。

0.15 数学模型的类型包括( )、( )和( )。

0.16 对稳定流动系统进行物料衡算时可不考虑( )。

0.17 写出物料衡算式的通式( )。

0.18 写出热量衡算式的通式( )。

0.19 对等温反应过程,计算( )时不需使用热量衡算式。

0.20 写出动量衡算式的通式( )。

0.21 在反应器进出口压差较大时,必须考虑流体的( )衡算式。

0.22 反应器的数学模型一般应包括( )、( )、( )、( )、( )等数学方程式。

1.1 化学反应式和化学计量方程中反应物的计量系数( )。

1.2 反应 $Ca_5F(PO_4)_3+5H_2SO_4+mH_2O \Longrightarrow 3H_3PO_4+5CaSO_4 \cdot mH_2O\downarrow+HF\uparrow$ 的关键组分为( )。

1.3 反应 $CO+2H_2 \rightleftharpoons CH_3OH$ 的关键组分为( );反应 $SO_2+0.5O_2 \rightleftharpoons SO_3$ 的关键组分为( )。

1.4 反应 $CO+H_2O \rightleftharpoons CO_2+H_2$ 按相态分为（　）反应，其关键组分为（　）。

1.5 关键组分通常指反应物中（　）的组分。

1.6 化学反应的转化率、收率和选择性的关系式为（　）。

1.7 写出转化率的定义式（　），转化率表示（　）程度。

1.8 写出收率的定义式（　），收率 Y 表明（　）的相对生成量。

1.9 写出选择性的定义式（　），选择性表明（　）的相对大小。

1.10 化学反应速率的特点有（　）、（　）和（　）等。

1.11 化学反应速率随化学反应的进行而变化，是（　）速率。

1.12 写出化学反应速率的定义式（　），其值应为（　）。

1.13 化学反应速率的反应区是指（　）、（　）和（　）。

1.14 间歇过程与连续过程的反应速率表示方法（　）。

1.15 单位体积、表面积和质量反应速率之间的换算关系：$r_{iV}=$（　）$r_{iS}=$（　）r_{iW}。

1.16 空间时间和空间速率中的体积流量的含义是（　）。

1.17 当进口体积流量与标准状态下的体积流量相同时，空间时间 $\tau =$（　）$/S_v$。

1.18 均相反应的宏观反应速率等于其（　）反应速率。

1.19 广义和狭义的化学反应速率的区别在于（　）。

1.20 速率方程式有（　）和（　）两种形式。

1.21 对特定的反应，反应物系的性质及催化剂相同，反应速率主要与（　）和（　）有关。

1.22 有反应 $aA+bB \longrightarrow lL+mM$，填写关系式：$r_B=$（　）$r_A=$（　）$r_L$。

1.23 惰性气体的存在对气相反应的膨胀率（　）影响。

1.24 惰性气体的存在对气相反应的膨胀因子（　）影响。

1.25 写出膨胀因子计算式（　），其是指反应物 A 每消耗 1 mol 时引起整个物系（　）增加或减少的量。

1.26 写出反应 $aA+bB \longrightarrow lL$ 膨胀率计算式（　），其物理意义是等温等压下，反应物 A 全部转化时，系统（　）的变化分数。

1.27 变容反应过程中反应混合物的体积和物质的量均随（　）而变。

1.28 当温度一定时，主副反应级数相等的平行反应，浓度增加，反应的瞬时选择性（　）。

1.29 对于一级连串反应 $A \xrightarrow{k_1} L \xrightarrow{k_2} M$，反应产物 M 的收率总是随转化率 X_A 增加而（　）。

1.30 连串反应 $A \xrightarrow{k_1} L$（主产物）$\xrightarrow{k_2} M$ 的收率 Y_L 随 k_2/k_1 的增加而（　）。

1.31 工业生产上的发酵过程是一类典型的（　）反应过程。

1.32 （　）反应与一般不可逆反应的根本区别是在于反应开始后有一个速率从低到高的"启动"过程。

1.33　已知反应速率常数 k=0.02 m^3/(kmol·h)，说明该反应为(　)级反应。

1.34　已知反应速率常数 k=0.02 kmol/(m^3·h)，说明该反应为(　)级反应。

1.35　对不可逆反应，当温度一定时，转化率 X_A 增加，反应速率(　)。

1.36　对可逆放热反应，在温度一定时，随转化率的增加，反应速率(　)。

1.37　对可逆放热反应，随反应物浓度的减少，反应速率(　)。

1.38　对可逆吸热反应，在温度一定时，随转化率的增加，反应速率(　)。

1.39　对可逆放热反应，转化率一定时，温度增加，反应速率(　)。

1.40　对可逆放热反应，最佳温度曲线总是位于平衡温度曲线的(　)。

1.41　对于可逆吸热反应，反应热 ΔH_r(　)，所以正反应活化能 E_1(　)逆反应活化能 E_2。

1.42　反应速率常数 k 的计算方法有(　)、(　)和(　)。

1.43　活化能是反应速率对反应(　)敏感程度的一种衡量。

1.44　反应速率常数 k 的单位与(　)、(　)和(　)有关。

1.45　写出 n 级反应以转化率 X_A 表示的速率方程(　)。对可逆放热反应，温度一定，转化率增加，速率(　)；转化率一定，温度增加，速率(　)。

1.46　写出最佳温度计算式(　)。

2.1　闭式系统是指在系统进口处(　)，在出口处(　)的系统。

2.2　停留时间分布分为(　)和(　)两种。

2.3　(　)是指流体粒子从进入系统起到离开系统止，在系统内停留的时间。

2.4　(　)是对存留在系统中的流体粒子而言，从进入系统算起在系统中停留的时间。

2.5　停留时间的分布函数与无因次停留时间的分布函数(　)。

2.6　停留时间分布的函数有(　)和(　)两种。

2.7　停留时间分布的实验测定方法有(　)、(　)和(　)。

2.8　停留时间分布的数字特征有(　)和(　)。

2.9　由(　)注入法测定得到的是停留时间分布函数。

2.10　由(　)注入法测定得到的是停留时间分布密度函数。

2.11　停留时间分布函数的特点是(　)、(　)和(　)。

2.12　停留时间分布密度函数的特点是(　)和(　)。

2.13　停留时间分布密度为(　)流出设备的粒子量与粒子总量之比。

2.14　对理想混合模型，停留时间分布函数随停留时间的增加而不断(　)。

2.15　对理想混合模型，停留时间分布密度函数随停留时间的增加而不断(　)。

2.16　当方差为无穷大时，流型为理想(　)流型。

2.17　反应器按流动模型的不同，可分为(　)和(　)两类。

2.18　流型是指流体流经反应器时的(　)和(　)。

2.19　全混流的无因次平均停留时间=(　)。

2.20 平推流的无因次平均停留时间=( )。

2.21 平推流的 $F(\theta)$ 计算式( )、$E(\theta)$ 计算式( )、无因次方差等于( )。

2.22 全混流的 $F(\theta)$ 计算式( )、$E(\theta)$ 计算式( )、无因次方差等于( )。

2.23 平推流的工业实例是( )和( )。

2.24 全混流的工业实例是( )和( )。

2.25 在实际反应器中存在( )、( )、( )等非理想流动现象。

2.26 反应器中存在沟流时，其停留时间分布密度函数曲线存在( )。

2.27 反应器中存在死区时，其停留时间分布密度函数曲线存在( )。

2.28 反应器中存在短路时，其停留时间分布密度函数曲线存在( )。

2.29 反应器中存在循环流时，其停留时间分布密度函数曲线存在( )。

2.30 非理想流动现象沟流、滞留区和短路的 $E(\theta)$ 图具有的特征分别为( )、( )和( )。

2.31 流动反应器设计不良时，如进出口离得太近会出现( )现象。

2.32 轴向扩散模型的模型参数是( )。

2.33 模型参数 $Pe=0$ 时，为理想( )流动。

2.34 多级理想混合模型的模型参数是( )。

2.35 对于轴向扩散模型，模型参数 Pe 增加，说明越接近理想( )流动。

2.36 多级理想混合模型又称槽列模型，适用于描述返混( )的情况。

2.37 非理想流动零参数模型有( )和( )等类型。

2.38 非理想流动单参数模型有( )和( )等类型。

2.39 模型参数 Pe 的数值不同，反映了( )的程度。

2.40 返混是指( )物料间的混合。

2.41 反应器内的混合现象有( )、( )、( )和( )。

2.42 微观混合的两种极限状态是( )和( )。

2.43 对主反应级数小于副反应级数的平行反应，返混的存在是( )。

2.44 在管式反应器内，常采用( )和( )的措施来限制返混。

2.45 在气固相流化床反应器中，可采用多层流化床，即将反应器( )分割来限制返混。

2.46 在气液鼓泡反应器内放置填料是为了限制液相的( )。

3.1 间歇反应器设计的关键在于计算所需的( )。

3.2 间歇反应器内进行一级反应，其反应时间与初始浓度( )。

3.3 对恒容间歇反应器,达到一定转化率所需要的反应时间只与反应物初始浓度和反应速率有关，与( )无关。

3.4 间歇反应器的实际体积与( )、( )、( )、( )、( )等因素有关。

3.5 间歇反应器的实际体积中的装料系数是一个( )1 的数。

3.6 间歇反应器的实际体积中的后备系数是一个( )1 的数。

3.7　间歇反应器操作条件的优化可以用(　)或(　)为目标函数。

3.8　间歇反应器的热量衡算式包括的热量项有(　)、(　)、(　)、(　)和(　)等。

3.9　等温反应、绝热吸热反应、绝热放热反应的绝热温升分别为(　)、(　)、(　)。

3.10　对绝热条件下的吸热反应，反应物系温度随反应的进行而不断(　)。

3.11　对绝热条件下的放热反应，反应物系温度随反应的进行而不断(　)。

3.12　对产物一次取出的半间歇反应器，随反应时间的增加，(　)浓度存在极大值。

3.13　半间歇反应器中反应物系的组成随(　)而变。

3.14　反应物系的组成随(　)而变，是半间歇操作与间歇操作的共同点。

3.15　写出 CSTR 的热稳定条件式(　)、(　)。

3.16　满足(　)的定态操作点称为热稳定点。

3.17　若其他操作参数不变，增大(　)，移热速率 q_r 直线的斜率不变，直线平行右移。

3.18　进料流量(　)，全混流反应器的热稳定性增加。

3.19　CSTR 中温差是指(　)、(　)和(　)。

3.20　对变温非绝热操作的 CSTR，传热温差为反应温度与(　)之差。

3.21　对(　)操作的 CSTR，传热温差为反应温度与非移反应温度之差。

3.22　对等温操作的 CSTR，传热温差为反应温度与(　)之差。

3.23　对(　)操作的 CSTR，传热温差为反应温度与冷却介质温度之差。

3.24　对绝热操作的 CSTR，传热温差为(　)的温差。

3.25　对(　)操作的 CSTR，传热温差为反应器进出物料的温差。

3.26　对一级不可逆等温恒容反应，采用多级槽式反应器串联时，要保证总的反应体积最小，必要条件是(　)相等。

3.27　在 N 个串联的 CSTR(各槽的温度和体积均相等)进行一级不可逆反应，写出最终转化率的计算式(　)。

3.28　对反应级数(　)的反应，多级串联全混流的浓度梯度大于单级全混流反应器。

3.29　不可逆反应、可逆吸热反应、可逆放热反应等温操作时的最佳温度分别应选择(　)、(　)和(　)。

3.30　对不可逆反应，绝热操作时最佳温度序列遵循(　)原则。

3.31　对可逆吸热反应，非绝热变温操作时最佳温度序列遵循(　)原则。

3.32　对两步均为一级的连串反应($E_1 < E_2$)，(　)操作的温度应采取先高后低呈下降型的序列。

3.33　对两步均为一级的连串反应($E_1 < E_2$)，(　)操作的温度越低越好。

3.34　对单一反应组分的平行反应($E_1 < E_2$)，若从生产强度最大考虑，应采取(　)的温度序列。

3.35　对单一反应组分的平行反应($E_1 < E_2$)，若从(　)最大考虑，则应使整个反应过程在较低的温度下进行。

3.36　当循环管式反应器的循环比 $\beta \rightarrow \infty$ 时，进口浓度 c_{A1}(　)进料浓度 c_{A0}。

3.37 在循环管式反应器中，循环比的大小可以用来描述（ ）的大小。

3.38 −1 级、0 级、1 级反应的容积效率 η 分别为（ ）、（ ）和（ ）。

3.39 对反应级数 $n>0$ 的不可逆等温恒容反应，容积效率（ ），应选择（ ）反应器。

3.40 对反应级数 $n<0$ 的不可逆等温恒容反应，容积效率（ ），应选择（ ）反应器。

3.41 对反应级数 $n<0$ 的不可逆等温恒容反应，应采用（ ）反应器。

3.42 两个平推流反应器串联和并联时的最终出口浓度（ ）。

3.43 两个全混流反应器串联和并联时的最终出口浓度（ ）。

3.44 自催化反应在 $X_{A0}<X_{AM}<X_{Af}$ 下，反应器选择时应首选（ ），其次为（ ）和（ ）。

3.45 在 PFR 中进行双反应组分平行反应，当主反应两反应组分的级数均大于副反应的级数，应选择（ ）的加料方式。

3.46 在 CSTR 中进行双反应组分平行反应，当主反应两反应组分的级数均小于副反应的级数，应选择（ ）的加料方式。

4.1 对可逆反应，催化剂以（ ）加快正反应和逆反应的反应速率。

4.2 对可逆反应，催化剂可以加快反应达到平衡的（ ），但不能改变（ ）。

4.3 催化剂对复合反应具有特殊的（ ）。

4.4 催化剂可以（ ）或（ ）化学反应速率。

4.5 催化剂本身在反应前后的（ ）和（ ）都不会发生改变。

4.6 催化剂的催化作用是通过改变反应（ ）以降低反应活化能来实现的。

4.7 固体颗粒的相当直径通常有（ ）、（ ）、（ ）三种表示方法。

4.8 混合颗粒平均直径的计算方法有（ ）、（ ）和（ ）。

4.9 影响固定床空隙率的因素有（ ）、（ ）、（ ）、（ ）和（ ）等。

4.10 催化剂颗粒的（ ）是指不包括任何孔隙和颗粒间空隙而由催化剂自身构成的密度。

4.11 催化剂颗粒的密度有（ ）、（ ）和（ ）三种。

4.12 催化剂颗粒的假密度（ ）真密度。

4.13 气固相催化表面反应过程一般可分为（ ）、（ ）、（ ）三个步骤。

4.14 气固相催化反应过程一般可分为（ ）、（ ）、（ ）三个步骤。

4.15 化学吸附按组分可分为（ ）和（ ）。

4.16 吸附按固体表面上的吸附现象可分为（ ）和（ ）。

4.17 化学吸附按吸附理论分为（ ）和（ ）。

4.18 理想吸附和真实吸附的相同处是（ ）。

4.19 真实吸附（ ）活化能与覆盖率呈线性减少的关系。

4.20 真实吸附（ ）活化能与覆盖率呈线性增加的关系。

4.21 由理想吸附导出的气固相催化反应的本征速率方程为（ ）函数型。

4.22 由真实吸附导出的气固相催化反应的本征速率方程为（ ）函数型。

4.23 计算床层压降的意义是确定（ ）和（ ）。

4.24　影响床层压降的主要因素是( )和( )。

4.25　催化剂颗粒( )带来的不利是使床层阻力增加。

4.26　传热 J 因子 J_H=( )J_D(传质 J 因子)。

4.27　固定床与外界介质间的传热包括( )、( )和( )三部分热阻。

4.28　气固催化可逆放热反应在颗粒外表面的温度 T_s( )气相主体的温度 T_g。

4.29　当床层高度大于( )倍的颗粒直径时,可忽略轴向扩散的影响。

4.30　对反应级数 $n>0$ 的反应,n 越高,Da 越高,外扩散效率因子( ),外扩散影响( )。

4.31　对正级数反应,反应级数 n 越高,丹克莱尔数 Da( )。

4.32　改变( )对外扩散速率的影响并不大。

4.33　在气固催化反应中,外扩散的存在,带来的不利影响有( )、( )、( )、( )。

4.34　改变( )进行动力学实验是检验外扩散影响最有效的方法。

4.35　反应组分在催化剂颗粒内的扩散称为( )。

4.36　在一定温度和压力下,当催化剂内的孔径减小时,克努森扩散系数 D_K( )。

4.37　曲节因子 τ 与测定所用的物系( )。

4.38　曲节因子 τ 与扩散类型( )。

4.39　曲节因子 τ 的大小与固体催化剂的孔结构( )。

4.40　单位长度圆柱催化剂颗粒的特征长度为( )。

4.41　影响效率因子的因素主要有( )、( )、( )、( )、( )。

4.42　在气固催化反应中,内扩散的存在,带来的不利影响有( )、( )、( )、( )等。

4.43　内扩散影响严重时,零级反应的本征级数( )表观级数。

4.44　改变( )进行动力学实验是检验内扩散影响最有效的方法。

4.45　传质拜俄特数越大,外扩散阻力( )。

4.46　对气固相催化反应,外扩散与化学动力学之间的过渡控制区的浓度关系为( )。

A.2　0~4 章填空题答案

0.1　均相、非均相　　　　　　　0.2　吸热反应、放热反应

0.3　基元反应、非基元反应　　　0.4　简单反应、复合反应、非均相

0.5　等温和变温,变　　　　　　0.6　绝热、非绝热

0.7　常压、加压、减压(真空)　　0.8　相间

0.9　槽式、管式、塔式　　　　　0.10　连续、半连续、间歇

0.11　单体　　　　　　　　　　　0.12　放大

0.13　数学模拟　　　　　　　　　0.14　变量

0.15 机理、经验、半经验　　　　0.16 累积量

0.17 流入量=流出量＋反应消耗量＋累积量

0.18 物料带入热=物料带出热＋反应热＋与外界换热＋累积热

0.19 反应热体积　　　　0.20 输入动量=输出动量＋动量损失

0.21 动量

0.22 物料、热量、动量衡算式、动力学方程式、参数计算式

1.1 数值相等，符号相反　　　　1.2 $Ca_5F(PO_4)_3$

1.3 CO，SO_2　　　　1.4 非均相，CO

1.5 不过量或价值最高　　　　1.6 $Y = \bar{S}\, X_A$

1.7 $X_A = \dfrac{转化了的关键组分A的量}{加入反应器的关键组分A的量}$，转化的

1.8 $Y = \dfrac{生成目的产物所消耗的关键组分A的物质的量}{进入反应器的关键组分A的总物质的量}$，目的产物

1.9 $\bar{S} = \dfrac{生成目的产物所消耗的关键组分A的物质的量}{反应中消耗了的关键组分A的总物质的量}$，主副反应

1.10 正值、瞬时速率、表示方法不同、微分和积分形式

1.11 瞬时　　　　1.12 $r =$ 反应量/(反应区×反应时间)，正值

1.13 体积、反应表面积、反应系统的质量

1.14 不相同

1.15 a、ρ_b　　　　1.16 不相同的

1.17 1　　　　1.18 本征

1.19 考虑的影响因素不同　　　　1.20 幂函数型、双曲函数型

1.21 浓度、温度　　　　1.22 b/a、b/l

1.23 有　　　　1.24 没有

1.25 $\delta_A = \dfrac{l-a-b}{a}$，摩尔数　　　　1.26 $\varepsilon_A = \delta_A y_{A0}$，体积

1.27 转化率　　　　1.28 不变

1.29 增加　　　　1.30 下降

1.31 自催化　　　　1.32 自催化

1.33 二　　　　1.34 零

1.35 下降　　　　1.36 下降

1.37 下降　　　　1.38 下降

1.39 增加　　　　1.40 下方

1.41 大于零，大于

1.42 作图法，由两个不同温度下的 k 计算 E，由两个不同温度下的 t 计算 E

1.43 温度

1.44 反应级数、反应速率的表达式、反应物系组成的表示方法

1.45 $r_A=kc_{A0}{}^n(1-X_A)^n$、下降、存在极大值

1.46 $$T_{opt} = \dfrac{T_{eq}}{1 + T_{eq}\dfrac{R}{E_2 - E_1}\ln\dfrac{E_2}{E_1}}$$

2.1 有进无出，有出无进　　　2.2 年龄、寿命

2.3 寿命　　　2.4 年龄

2.5 相等　　　2.6 $F(\theta)$、$E(\theta)$

2.7 阶跃注入法、脉冲注入法、周期变化法

2.8 数学期望或平均停留时间、方差

2.9 阶跃　　　2.10 脉冲

2.11 无因次的、单增、$F(0)=0$，$F(\infty)=1$　2.12 有因次的、归一化

2.13 单位时间内　　　2.14 上升

2.15 下降　　　2.16 混合

2.17 理想流动反应器、非理想流动反应器

2.18 流动、返混状况

2.19 1　　　2.20 1

2.21 $F(\theta) = \begin{cases} 0 & \theta<1 \\ 1 & \theta\geq1 \end{cases}$、　$E(\theta) = \begin{cases} \infty & \text{当}\theta=1 \\ 0 & \text{当}\theta\neq1 \end{cases}$、0

2.22 $F(\theta)=1-e^{-\theta}$、$E(\theta)=e^{-\theta}$、1

2.23 流速较高的管式反应器、固定床

2.24 连续流动搅拌槽式反应器、流化床内的固相反应过程

2.25 沟流、滞留区短路、循环流　　　2.26 双峰

2.27 拖尾　　　2.28 滞后

2.29 递降的峰　　　2.30 双峰、拖尾、滞后

2.31 短路　　　2.32 Pe

2.33 混合　　　2.34 N

2.35 置换　　　2.36 较大

2.37 离析、最大混合模型　　　2.38 轴向扩散模型、多级理想混合模型

2.39 返混　　　2.40 不同年龄

2.41 同龄混合、返混、微观混合、早混合与晚混合

2.42 完全离析、完全微观混合

2.43 有利的　　　2.44 提高流速、填充填料

2.45 横向　　　2.46 返混

3.1 反应时间　　　3.2 无关

3.3 反应器大小

3.4 生产时间、非生产时间、需要处理的物料体积、物料性质、搅拌情况

3.5 小于

3.6 大于

3.7 平均生产强度最大、生产费用最低

3.8 带入热、带出热、反应热、与外界换热、累积热

3.9 $=0$、<0、>0

3.10 下降

3.11 上升

3.12 反应物

3.13 时间

3.14 时间

3.15 $q_r=q_q$、$\mathrm{d}q_r/\mathrm{d}T>\mathrm{d}q_q/\mathrm{d}T$

3.16 热稳定条件

3.17 进料温度

3.18 减小

3.19 反应温度与非移反应温度之差、反应温度与冷却介质温度之差、反应器进出物料的温差

3.20 非移反应温度

3.21 变温非绝热

3.22 冷却介质温度

3.23 等温

3.24 反应器进出物料

3.25 绝热

3.26 各槽的反应体积

3.27 $X_{AN}=1-\dfrac{c_{AN}}{c_{A0}}=1-\dfrac{1}{(1+k\tau_m)^N}$

3.28 >0

3.29 高且可行的温度、高且可行的温度、最佳温度

3.30 先低后高

3.31 先低后高

3.32 非绝热变温

3.33 等温

3.34 先低温后高温

3.35 目的产物收率

3.36 等于

3.37 返混程度

3.38 >1、$=1$、<1

3.39 <1、平推流

3.40 >1、全混流

3.41 全混流

3.42 相同

3.43 不同

3.44 CSTR+PFR、最优循环比下的循环管式反应器、管式反应器

3.45 在进口处同时加入两反应组分

3.46 在每一个 CSTR 中加入 A 和 B

4.1 同样的程度

4.2 时间、平衡常数

4.3 选择性

4.4 加快、减慢

4.5 性质、数量

4.6 途径

4.7 等体积、等外表面积、等比表面积

4.8 算术、调和、几何平均

4.9 颗粒的形状系数、颗粒的大小、表面粗糙度、与床层的径向位置有关、与 d_p/D_t 有关

4.10 真密度或骨架密度

4.11 真密度、假密度、堆密度

4.12 小于

4.13　吸附、化学反应、脱附　　　　　4.14　外扩散、内扩散、表面反应过程

4.15　单组分、多组分　　　　　　　　4.16　物理吸附、化学吸附

4.17　理想吸附、真实吸附

4.18　均为单分子层吸附，吸附和脱附可建立动态平衡

4.19　脱附　　　　　　　　　　　　　4.20　吸附

4.21　双曲　　　　　　　　　　　　　4.22　幂

4.23　能耗大小、核实反应器的直径和高度

4.24　流速、空隙率

4.25　减小　　　　　　　　　　　　　4.26　1.52

4.27　换热介质一方、器壁、固定床本身 4.28　小于

4.29　100　　　　　　　　　　　　　4.30　越小、越大

4.31　越高　　　　　　　　　　　　　4.32　温度

4.33　降低反应速率、主反应级数大于副反应级数平行反应的选择性、两步均为一
　　　级的连串反应的选择性、出现动力学假象

4.34　质量流速 G

4.35　孔扩散　　　　　　　　　　　　4.36　减小

4.37　无关　　　　　　　　　　　　　4.38　无关

4.39　有关　　　　　　　　　　　　　4.40　$R/2$

4.41　粒度、温度、浓度、压力、孔径

4.42　降低反应速率、级数、活化能、主反应级数和速率常数大于副反应级数的平
　　　行反应的选择性或连串反应的选择性

4.43　小于　　　　　　　　　　　　　4.44　颗粒粒度

4.45　越小　　　　　　　　　　　　　4.46　$c_{Ag} > c_{As} \approx c_{Ac} > c_{Ae}$

A.3　1~4 章简答题

1.1　写出化学反应的转化率、收率及选择性的定义，并说明它们的关系和表明的意义。

1.2　写出化学反应速率定义式，说明式中各项的意义及该式的特点。

1.3　写出膨胀因子和膨胀率的计算式，说明其物理意义，并分析惰性气体对它们的
　　　影响。

1.4　对于一级连串反应 A $\xrightarrow{k_1}$ L（主产物）$\xrightarrow{k_2}$ M，其具有什么样的浓度特征？
　　　当 $k_1 = k_2$ 时，在平推流和全混流反应器中其最大收率各为多少？对该反应应如
　　　何选择反应器？

1.5　由附图 A-1 可反映出哪些信息？

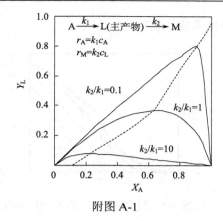

附图 A-1

1.6 写出阿伦尼乌斯公式，说明反应速率常数 k 的单位与哪些因素有关以及速率常数 k 的计算方法。

1.7 说明转化率和温度对各类反应速率的影响。

1.8 附图 A-2 和附图 A-3 对应的是什么反应？两图有什么相同和不同处？

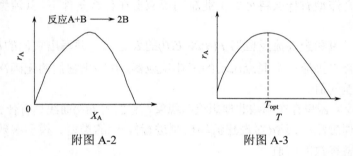

附图 A-2   附图 A-3

1.9 (1) 绘出自催化反应的反应速率随转化率变化的关系图；(2) 绘出可逆放热反应的反应速率随温度变化的关系图；(3)说明两图的相同处和不同处。

1.10 由附图 A-4 可反映出哪些信息？

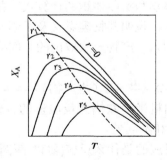

附图 A-4　反应速率与温度和转化率的关系

1.11　由附图 A-5 可反映出哪些信息？

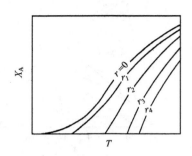

附图 A-5　反应速率与温度和转化率的关系

2.1　产生停留时间分布的原因是什么？说明年龄和寿命的定义。

2.2　说明停留时间分布函数和分布密度函数的定义、关系和性质。

2.3　理想置换流型有何特征？工业管式流动反应器在什么条件下，其流型符合理想置换流型？

2.4　理想混合流型有什么特征？工业流动反应器在什么条件下，其流型符合理想混合流型？

2.5　写出平推流和全混流反应器 $F(\theta)$ 和 $E(\theta)$ 的表达式，并写出它们的 $\bar{\theta}$ 和 σ_{θ}^2 值。

2.6　说明符合平推流和全混流流动的工业反应器，并写出它们的无因次平均停留时间和方差的值。

2.7　在实际反应器里存在哪些非理想流动现象？它们的 $E(\theta)$ 曲线具有什么特征？

2.8　说明非理想流动模型(对理想流动模型进行修正)的类型、模型参数及在不同流型下模型参数的取值。

2.9　实际反应器中存在哪些混合现象？说明这些现象的含义。

2.10　返混在什么情况下对生产不利？应如何限制？

2.11　什么是返混？为什么要消除返混？如何消除？

3.1　写出间歇反应器理论体积和实际体积的计算式，并说明式中符号的意义。

3.2　写出绝热温升的定义式，说明其物理意义及不同反应绝热温升的大小。

3.3　绘出反应物连续恒速加入、产物一次取出的半间歇槽式反应器的浓度分布图，分析形成原因。

3.4　(1) 绘出一级连串反应 A $\xrightarrow{k_1}$ L（主产物）$\xrightarrow{k_2}$ M 各组分的浓度与时间的关系图；(2) 绘出恒速加料半间歇槽式反应器的各组分浓度与时间的关系图；(3) 说明两图的相同处和不同处。

3.5　附图 A-6 和附图 A-7 对应的是什么反应(器)？两图有什么相同和不同处？说明附图 A-6 形成极值的原因。

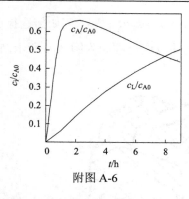

附图 A-6

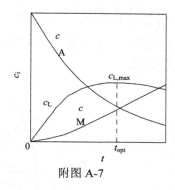

附图 A-7

3.6 绘出全混流反应器放热速率和移热速率与温度的关系图，指出图中的交点哪些是热稳定点，说明判断的依据。

3.7 在管式反应器中进行可逆放热的简单反应时，等温、变温、绝热操作时应如何选择最佳温度？

3.8 如在管式反应器内进行 $A \xrightarrow{k_1} L$(主产物)，$A \xrightarrow{k_2} M$(副产物)的平行反应，应如何选择最佳操作温度？

3.9 分析在管式反应器中进行活化能 E_1(主反应)$<E_2$(副反应)复合反应的最佳温度序列。

3.10 写出容积效率的定义式，并说明从附图 A-8 中能得到的结论。

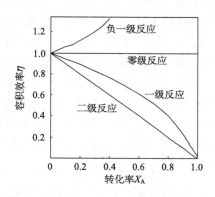

附图 A-8 容积效率与转化率的关系

3.11 绘出自催化反应的反应速率的倒数随转化率变化的关系图，说明在转化率不同时反应器的选择情况。

3.12 在连续流动的 PFR 内进行双反应组分平行反应：$A+B \longrightarrow L$(主反应，$r_{A1} = k_1 c_A^{\alpha_1} c_B^{\beta_1}$)，$A+B \longrightarrow M$(副反应，$r_{A2} = k_2 c_A^{\alpha_2} c_B^{\beta_2}$)，应如何选择加料方式？

3.13 在连续流动的 CSTR 内进行双反应组分平行反应：$A+B \longrightarrow L$(主反应，

$r_{A1} = k_1 c_A^{\alpha_1} c_B^{\beta_1}$），A+B $\longrightarrow$ M(副反应，$r_{A2} = k_2 c_A^{\alpha_2} c_B^{\beta_2}$），应如何选择加料方式？

4.1　在多孔固体催化剂中进行的气固相催化反应过程如附图 A-9 所示，它通常包括哪七个步骤？

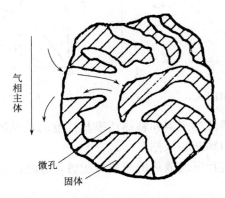

气相主体

微孔

固体

附图 A-9　催化反应过程步骤示意图

4.2　说明理想吸附和真实吸附的区别和相同处。

4.3　说明流体流动特性及床层压降产生原因及影响固定床压降的因素。

4.4　为什么要消除外扩散影响？如何通过实验判断外扩散已消除？

4.5　在进行气固相催化反应的化学动力学测定前一般要先消除外扩散的影响，试说明：(1) 消除外扩散影响的重要性；(2) 如何消除外扩散的影响。

4.6　写出蒂勒模数的计算式，说明其物理意义及影响因素。

4.7　为什么要消除内扩散影响？如何通过实验判断内扩散已消除？

4.8　在进行气固相催化反应的化学动力学测定前一般要先消除内扩散的影响，试说明：(1) 消除内扩散影响的重要性；(2) 如何消除内扩散的影响。

4.9　如何用实验方法判断气固催化反应过程的内、外扩散影响已消除？

4.10　写出球形催化剂颗粒上等温一级可逆反应 A $\rightleftharpoons$ B 各步骤对反应都有影响时的宏观反应速率方程及各控制步骤下的反应速率方程。

4.11　试绘出在(1) 过程为内扩散控制；(2) 外扩散影响可以忽略情况下，可逆反应 A $\rightleftharpoons$ B 中产物在球形颗粒上的浓度分布图，并写出它们的速率方程。

4.12　附图 A-10 和附图 A-11 的条件：球形催化剂颗粒，等温一级可逆反应 A $\rightleftharpoons$ B。请在图中标出横、纵坐标及各线条所对应的符号，并写出图名、对应的反应过程和反应速率方程。

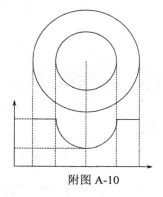

附图 A-10

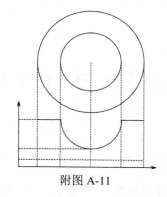

附图 A-11

A.4   1~4 章简答题提示

1.1 涉及知识点 1-1   1.2 涉及知识点 1-2
1.3 涉及知识点 1-4   1.4 涉及知识点 1-6
1.5 涉及知识点 1-6   1.6 涉及知识点 1-7
1.7 涉及知识点 1-8   1.8 涉及知识点 1-8
1.9 涉及知识点 1-8   1.10 涉及知识点 1-8
1.11 涉及知识点 1-8

2.1 涉及知识点 2-1   2.2 涉及知识点 2-2
2.3 涉及知识点 2-3   2.4 涉及知识点 2-4
2.5 涉及知识点 2-3、2-4   2.6 涉及知识点 2-3、2-4
2.7 涉及知识点 2-5   2.8 涉及知识点 2-6
2.9 涉及知识点 2-7   2.10 涉及知识点 2-8
2.11 涉及知识点 2-8

3.1 涉及知识点 3-1   3.2 涉及知识点 3-2
3.3 涉及知识点 3-3   3.4 涉及知识点 2-6、3-3
3.5 涉及知识点 2-6、3-3   3.6 涉及知识点 3-5
3.7 涉及知识点 3-6   3.8 涉及知识点 3-6
3.9 涉及知识点 3-6   3.10 涉及知识点 3-8
3.11 涉及知识点 3-9   3.12 涉及知识点 3-11
3.13 涉及知识点 3-11

4.1 涉及知识点 4-2   4.2 涉及知识点 4-3
4.3 涉及知识点 4-5   4.4 涉及知识点 4-6
4.5 涉及知识点 4-6   4.6 涉及知识点 4-7
4.7 涉及知识点 4-9   4.8 涉及知识点 4-9
4.9 涉及知识点 4-6、4-9   4.10 涉及知识点 4-10
4.11 涉及知识点 4-10   4.12 涉及知识点 4-10

附录 B 化学反应工程期末考试题

B.1 试 卷

一、填空题(25 分)

1.1 化学反应器按几何构型分类，可分为( )、( )和( )三类；所谓数学模型就是用数学语言来表达过程中( )之间关系的方程式；在反应器进出口( )较大，以致影响到反应组分的浓度时，必须考虑流体的动量衡算式。

1.2 化学反应速率的特点有( )、( )、( )和( )；连串反应 A $\xrightarrow{k_1}$ L(主产物) $\xrightarrow{k_2}$ M 的收率 Y_L 随 k_2/k_1 的增加而( )。

1.3 非理想流动现象沟流、滞留区和短路的 $E(\theta)$ 图具有的特征分别为( )、( )和( )；模型参数 $Pe=0$ 时，为( )流动；对于 $X_{Af} > X_{AM}$ 的自催化反应，返混使所需反应体积( )。

1.4 –1 级、0 级、1 级反应的容积效率 η 分别为( )、( )和( )；对不可逆反应，绝热操作时最佳温度序列遵循( )原则；循环比 β 的大小说明( )的程度。

1.5 混合颗粒平均直径的计算方法有( )、( )和( )；气固催化可逆放热反应在颗粒外表面的温度 T_s( )气相主体的温度 T_g；曲节因子 τ 与扩散类型( )。

二、简答题(32 分)

2.1 说明转化率、收率及选择性的定义、关系及它们表明的意义。

2.2 说明停留时间分布函数和分布密度函数的定义、关系和性质。

2.3 填出附图 B-1 和附图 B-2 对应的反应(器)。两图有什么相同和不同处？说明附图 B-1 形成极值的原因。

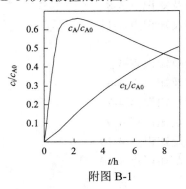

附图 B-1

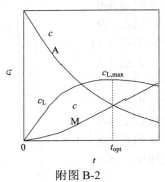

附图 B-2

2.4 说明理想吸附和真实吸附的区别和相同处。

三、推导题(10 分)

3.1 由下列机理式推导出动力学方程式(7 分)。

步骤	机理式	速率式	平衡式
I	$A+2\sigma \rightleftharpoons 2A_{1/2}\sigma$		
II	$B+\sigma \rightleftharpoons B\sigma$		
III	$2A_{1/2}\sigma+B\sigma \rightleftharpoons C\sigma+D\sigma+\sigma$		
IV	$C\sigma \rightleftharpoons C+\sigma$		
V	$D\sigma \rightleftharpoons D+\sigma$		

推导过程：

3.2 由动力学方程式推导出机理式(3 分)。

$$r = \frac{k_{1S}K_AK_Bp_Ap_B - k_{2S}K_Cp_Cp_D}{(1+\sqrt{K_Ap_A}+K_Cp_C)^2(1+K_Bp_B)}$$

步骤	机理式
I	
II	
III	
IV	

四、计算题(33 分)

4.1 常压、高温下氨在铁催化剂上分解，反应计量方程式为 $2NH_3 \longrightarrow N_2+3H_2$。现有含95%氨和5%惰性气体的原料进入反应器进行分解，在反应器出口处测得未分解的氨气为3%，求氨的转化率及反应器出口处组分的摩尔分数。

4.2 等温液相反应的速率方程为 $r_A=kc_A^2$。已知 $k = 2.78\times10^{-6}$ $m^3/(mol \cdot s)$，$c_{A0}=$ 200 mol/m^3，$Q_0= 5.56\times10^{-4}$ m^3/s。试比较下列方案，哪一种能达到的转化率最高？

(1) 2 m^3 的 PFR 后接 2 m^3 的 CSTR；(2) 2 m^3 的 CSTR 后接 2 m^3 的 PFR。

4.3 常压下正丁烷在镍铝催化剂上进行脱氢反应，已知该反应为一级不可逆反应。

在 500℃时反应速率常数 k_w=0.94 cm³/[s·g$_{cat}$]，若采用直径为 0.32 cm 的球形催化剂，其平均孔径为 $1×10^{-8}$ m，孔容积为 0.35 cm³/g，孔隙率为 0.36，曲节因子等于 2.0，床层空隙率为 0.4，试计算催化剂的内扩散效率因子，确定是否存在内扩散影响。

B.2　参　考　答　案

一、填空题(25 分，每空 1 分)

1.1　管式、槽式、塔式；各变量；压差

1.2　正值；瞬时速率，表示方法随系统不同，有微分和积分形式；减小

1.3　双峰、拖尾、滞后；理想置换；增大

1.4　>1，=1，<1；先低后高；返混

1.5　几何、算术、调和；大于；无关

二、简答题(32 分，每题 8 分)

2.1

$$X_A = \frac{\text{转化了的关键组分 A 的量}}{\text{加入反应器的关键组分 A 的量}}$$　　　　1 分

$$Y = \frac{\text{生成目的产物 L 所消耗的关键组分 A 的物质的量}}{\text{进入反应器的关键组分 A 的总物质的量}}$$　　　　1 分

$$\overline{S} = \frac{\text{生成目的产物 L 所消耗的关键组分 A 的物质的量}}{\text{反应中消耗了的关键组分 A 的总物质的量}}$$　　　　1 分

$$Y = \overline{S} X_A$$　　　　2 分

转化率表示转化的程度　　　　1 分

收率 Y 表明目的产物的相对生成量　　　　1 分

选择性可表明主副反应的相对大小　　　　1 分

2.2　对不发生化学反应的连续流动系统，在同时进入系统的 N 个粒子中，其停留时间小于 τ 的粒子 ΔN 所占总粒子的分率称为粒子的停留时间分布函数。

　　　　2 分

停留时间分布密度函数是分布函数对停留时间的一阶导数，或单位时间内流出设备的粒子分率。　　　　2 分

关系：$E(\tau) = dF(\tau) / d\tau$，$F(\tau) = \int_0^\tau E(\tau) d\tau$　　　　1.5 分

性质：$F(\tau)$：0~1，单增函数，无因次；　　　　1.5 分

$E(\tau)$：归一化、有因次。　　　　1 分

2.3 附图 B-1：半间歇反应器；附图 B-2：连串反应。 1 分

相同处：都存在极大值，横坐标都是时间。 2 分

不同处：组分浓度的变化趋势不同，出现极值的组分不同，纵坐标不同。3 分

反应初期：c_A 低，r 慢，反应消耗掉的 A 量小于加入的 A 量，随 t 增加，c_A 仍增加；

反应后期：c_A 增加，r 加快，此时反应消耗掉的 A 量超过了加入的 A 量，随 t 增加，则 A 浓度下降。 2 分

2.4

	理想吸附	真实吸附	
表面上的活性中心	均匀	不均匀	1.5 分
各处的吸附能力	相同	不同	1.5 分
吸附活化能与覆盖率的关系	无关	$\theta_i\uparrow$，E_a 线性$\uparrow$	1.5 分
脱附活化能与覆盖率的关系	无关	$\theta_i\uparrow$，E_d 线性$\downarrow$	1 分
被吸附分子间	互不影响	相互影响	1.5 分
相同处	单层吸附，吸附和脱附可建立动态平衡		1 分

三、推导题(10 分)

3.1

	机理式	速率式	平衡式	
I	$A+2\sigma \rightleftharpoons 2A_{1/2}\sigma$	$r_A = k_{aA}p_A\theta_V^2 - k_{dA}\theta_A^2$	$\theta_A = \sqrt{K_A p_A}\,\theta_V$	1 分
II	$B+\sigma \rightleftharpoons B\sigma$	$r_B = k_{aB}p_B\theta_V - k_{dB}\theta_B$		0.5 分
III	$2A_{1/2}\sigma+B\sigma \rightleftharpoons C\sigma+D\sigma+\sigma$	$r_S = k_{1s}\theta_A^2\theta_B - k_{2s}\theta_C\theta_D\theta_V$	$K_S = \dfrac{\theta_C\theta_D\theta_V}{\theta_A^2\theta_B}$	1 分
IV	$C\sigma \rightleftharpoons C+\sigma$	$r_C = k_{dC}\theta_C - k_{aC}p_C\theta_V$	$\theta_C = K_C p_C\theta_V$	1 分
V	$D\sigma \rightleftharpoons D+\sigma$	$r_D = k_{dD}\theta_D - k_{aD}p_D\theta_V$	$\theta_D = K_D p_D\theta_V$	1 分

$$\theta_A + \theta_B + \theta_C + \theta_D + \theta_V = 1 \qquad (1) \quad 1\text{ 分}$$

将 I、IV、V 中的平衡式代入 III 的平衡式得

$$\theta_B = \frac{K_C K_D}{K_S K_A}\frac{p_C p_D}{p_A}\theta_V = \frac{K_B}{K}\frac{p_C p_D}{p_A}\theta_V \qquad 0.5\text{ 分}$$

将上式及 I、IV、V 中的平衡式代入式(1)得

$$\theta_V = \frac{1}{1+\sqrt{K_A p_A}+\dfrac{K_B}{K}\dfrac{p_C p_D}{p_A}+K_C p_C+K_D p_D} \qquad 0.5\text{ 分}$$

将 θ_B 的关系式代入 II 的速率式得

$$r_B = k_{aB} p_B \theta_V - k_{dB} \frac{K_B}{K} \frac{p_C p_D}{p_A} \theta_V \qquad \text{0.5 分}$$

将 θ_V 的关系式代入上式得

$$r_B = \frac{k_{aB}\left(p_B - \dfrac{1}{K}\dfrac{p_C p_D}{p_A}\right)}{1 + \sqrt{K_A p_A} + \dfrac{K_B}{K}\dfrac{p_C p_D}{p_A} + K_C p_C + K_D p_D}$$

3.2 步骤   机理式

I $A + 2\sigma_1 \rightleftharpoons 2A_{1/2}\sigma_1$ 0.5 分

II $B + \sigma_2 \rightleftharpoons B\sigma_2$ 0.5 分

III $2A_{1/2}\sigma_1 + B\sigma_2 \rightleftharpoons C\sigma_1 + D + \sigma_2 + \sigma_1$ 1.5 分

IV $C\sigma_1 \rightleftharpoons C + \sigma_1$ 0.5 分

四、计算题(33 分)

4.1 反应式用符号表示为 $A \rightleftharpoons 0.5L + 1.5M$

设该过程 NH_3 为 A 组分，则

$$\delta_A = \frac{1 + 3 - 2}{2} = 1 \qquad \text{2 分}$$

$$\varepsilon_A = \delta_A y_{A0} = 1 \times 0.95 = 0.95 \qquad \text{2 分}$$

$$y_A = \frac{y_{A0} - y_{A0} X_A}{1 + y_{A0}\delta_A X_A}, \quad X_A = \frac{1 - \dfrac{y_A}{y_{A0}}}{1 + y_A \delta_A} = \frac{1 - \dfrac{0.03}{0.95}}{1 + 0.03 \times 1} = 0.94 \qquad \text{2.5 分}$$

$$y_L = \frac{y_{L0} + 0.5 y_{A0} X_A}{1 + y_{A0}\delta_A X_A} = \frac{0 + 0.5 \times 0.95 \times 0.94}{1 + 0.95 \times 1 \times 0.94} = 0.236 \qquad \text{1.5 分}$$

$$y_M = \frac{y_{M0} + 1.5 y_{A0} X_A}{1 + y_{A0}\delta_A X_A} = \frac{0 + 1.5 \times 0.95 \times 0.94}{1 + 0.95 \times 1 \times 0.94} = 0.708 \qquad \text{1.5 分}$$

或 $y_M = 3 y_L = 0.708$

$$y_I = \frac{y_{I0}}{1 + y_{A0}\delta_A X_A} = \frac{0.05}{1 + 0.95 \times 1 \times 0.94} = 0.026 \qquad \text{1.5 分}$$

4.2 法一

PFR： $\dfrac{V_R}{Q_0} = \dfrac{X_{A1}}{k c_{A0}(1 - X_{A1})}$ 3 分

CSTR： $\dfrac{V_R}{Q_0} = \dfrac{X_{A2} - X_{A1}}{k c_{A0}(1 - X_{A2})^2}$ 3 分

(1) PFR+CSTR

PFR： $\dfrac{2}{5.56\times10^{-4}}=\dfrac{X_{A1}}{2.78\times10^{-6}\times200(1-X_{A1})}$

$$X_{A1}=0.667 \qquad \text{1 分}$$

CSTR：

$$\dfrac{2}{5.56\times10^{-4}}=\dfrac{X_{A2}-2/3}{2.78\times10^{-6}\times200(1-X_{A2})^2}$$

$$X_{A2}^2-2.5X_{A2}+4/3=0$$

$$X_{A2}=0.7713 \qquad \text{1 分}$$

(2) CSTR+ PFR

CSTR： $\dfrac{2}{5.56\times10^{-4}}=\dfrac{X_{A1}}{2.78\times10^{-6}\times200(1-X_{A1})^2}$

$$X_{A1}^2-2.5X_{A1}+1=0$$

$$X_{A1}=0.5 \qquad \text{1 分}$$

PFR： $\dfrac{2}{5.56\times10^{-4}}=\dfrac{X_{A2}-0.5}{2.78\times10^{-6}\times200(1-0.5)(1-X_{A2})}$

$$X_{A2}=0.75 \qquad \text{1 分}$$

第(1)种情况的转化率大。 1 分

法二

PFR： $\dfrac{V_R}{Q_0}=\dfrac{1}{k}\left(\dfrac{1}{c_A}-\dfrac{1}{c_{A0}}\right)$ 3 分

CSTR： $\dfrac{V_R}{Q_0}=\dfrac{c_{A0}-c_A}{kc_A^2}$ 3 分

(1) PFR+CSTR

PFR： $\dfrac{2}{5.56\times10^{-4}}=\dfrac{1}{2.78\times10^{-6}}\left(\dfrac{1}{c_{A1}}-\dfrac{1}{200}\right)$

$$c_{A1}=66.667 \text{ mol/m}^3 \qquad \text{1 分}$$

CSTR： $\dfrac{2}{5.56\times10^{-4}}=\dfrac{66.667-c_{A2}}{2.78\times10^{-6}c_{A2}^2}$

$$c_{A2}^2+100c_{A2}-100\times66.667=0$$

$$c_{A2}=45.74 \text{ mol/m}^3$$

$$X_{A2}=(1-45.75/200)\times100\%=77.13\% \qquad \text{1 分}$$

(2) CSTR+ PFR

CSTR： $\dfrac{2}{5.56\times10^{-4}}=\dfrac{200-c_{A1}}{2.78\times10^{-6}c_{A1}^2}$

$$c_{A1}^2 + 100c_{A1} - 20000 = 0$$

$$c_{A1} = 100 \text{ mol/m}^3 \tag{1 分}$$

PFR：
$$\frac{2}{5.56 \times 10^{-4}} = \frac{1}{2.78 \times 10^{-6}}\left(\frac{1}{c_{A2}} - \frac{1}{100}\right)$$

$$c_{A2} = 50 \text{ mol/m}^3$$

$$X_{A2} = (1 - 50/200) \times 100\% = 75\% \tag{1 分}$$

第(1)种情况的转化率大。 　　　　　　　　1 分

4.3

计算内容	公式及计算过程	计算结果	
平均自由程	$\lambda = 3.66\dfrac{T}{p} = 3.66\dfrac{273+500}{1}$	2829.18 Å	1.25 分
扩散类型判断	$\dfrac{\lambda}{2\overline{r}_p} = \dfrac{2829.18}{100}$	28.292 > 10，克努森扩散，$D \approx D_K$	1.25 分
克努森扩散系数	$D_K = 9700\overline{r}_p\sqrt{\dfrac{T}{M}}$ $= 9700 \times 5.0 \times 10^{-7}\sqrt{\dfrac{773}{58}}$	1.771×10^{-2} cm²/s	1.25 分
有效扩散系数	$D_e = \dfrac{\varepsilon_p}{\tau}D$ $= \dfrac{0.36}{2} \times 1.771 \times 10^{-2}$	3.188×10^{-3} cm²/s	1.25 分
颗粒密度	$\rho_p = \dfrac{\varepsilon_p}{V_g} = \dfrac{0.36}{0.35}$	1.029 g/cm³	1.25 分
体积速率常数	$k = \rho_p(1-0.4)k_w = 1.029(1-0.4) \times 0.94$	0.58 s⁻¹	1.25 分
蒂勒模数	$\varphi = \dfrac{R}{3}\sqrt{\dfrac{k}{D_e}} = \dfrac{0.32/2}{3}\sqrt{\dfrac{0.58}{3.188 \times 10^{-3}}}$	0.719 < 3	1.25 分
内扩散效率因子	$\eta = \dfrac{\text{th}\varphi}{\varphi} = \dfrac{\text{e}^{\varphi} - \text{e}^{-\varphi}}{\varphi(\text{e}^{\varphi} + \text{e}^{-\varphi})}$ $= \dfrac{2.052 - 0.487}{0.719 \times (2.052 + 0.487)}$	0.857	1.25 分

内扩散效率因子接近 1，说明内扩散影响不严重。　　　　　　　　1 分

附录 C　化学反应工程研究生入学考试题

C.1　试　卷

一、判断题(正确的打√，错的打×，全打一种符号不得分，每题 1.5 分，共 15 分)
( )**1.1** 化学反应工程学最重要、最困难的任务是反应器的放大。
( )**1.2** 硫酸生产中二氧化硫转化为三氧化硫的反应为均相反应。
( )**1.3** 反应活化能是决定反应难易程度的唯一因素。
( )**1.4** 工业生产上的发酵过程是一类典型的自催化反应过程。
( )**1.5** 停留时间分布密度函数一般由阶跃注入法测得。
( )**1.6** 对主反应级数小于副反应级数的平行反应，返混的存在是有利的。
( )**1.7** 对绝热条件下的吸热反应，反应物系温度随反应的进行不断下降。
( )**1.8** 进料流量增大，全混流反应器的热稳定性增加。
( )**1.9** 传质拜俄特数越大，外扩散阻力越大。
( )**1.10** 影响床层压降的主要因素是流速和空隙率。

二、填空题(每空 1 分，共 15 分)
2.1 化学反应按温度可分为( )、( )和( )。
2.2 反应速率常数 k 的计算方法有( )、( )和( )。
2.3 全混流的 $F(\theta)$ 计算式( )、$E(\theta)$ 计算式( )、无因次方差等于( )。
2.4 自催化反应在 $X_{A0} < X_{AM} < X_{Af}$ 下，反应器选择时应首选( )，其次为( )和
( )。
2.5 实验室反应器的类型有( )、( )和( )三种。

三、简答题(每题 12 分，共 48 分)
3.1 说明转化率和温度对各类反应速率的影响。
3.2 描述理想混合模型，并说明属于该模型的工业反应器。
3.3 分析在管式反应器中进行活化能 $E_{1(主反应)} < E_{2(副反应)}$ 复合反应的最佳温度序列。
3.4 在多孔固体催化剂中进行的气固相催化反应过程如附图 C-1 所示，它通常包括
哪七个步骤？

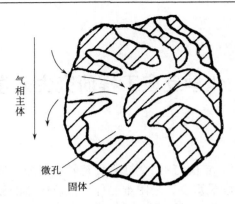

附图 C-1　催化反应过程步骤示意图

四、　推导题(4.1：10 分，4.2：4 分，4.3：10 分，共 24 分)

4.1　由下列机理式导出动力学方程式：

（Ⅰ）$E + 2\sigma \rightleftharpoons 2 E_{1/2}\sigma$，（Ⅱ）$F + \sigma \rightleftharpoons F\sigma$，（Ⅲ）$2 E_{1/2}\sigma + F\sigma \rightleftharpoons M\sigma + N + 2\sigma$，

（Ⅳ）$M\sigma \rightleftharpoons M + \sigma$

4.2　由动力学方程式导出机理式：$r = \dfrac{k_{1S} K_E K_F p_E p_F - k_{2S} K_M K_N p_M p_N}{(1 + K_E p_E + K_N p_N)(1 + K_F p_F + K_M p_M)}$

4.3　恒容间歇下，反应 $A \rightleftharpoons B$ 的动力学方程式为 $-\dfrac{dc_A}{dt} = kc_A - k'c_B$，试推导其用

浓度表示的等温积分形式 $(k + k')t = \ln\dfrac{c_{A0} - c_{Ae}}{c_A - c_{Ae}}$ (注：$c_{B0} = 0$，c_{Ae} 为平衡浓度)

五、计算题(每题 12 分，共 48 分)

5.1　膦的分解反应 $PH_3(g) \longrightarrow 0.25 P_4(g) + 1.5 H_2(g)$ 是一级不可逆反应，其在恒容反应器中等温进行，原料中只含有 PH_3，压力为 0.10133 MPa。经 500 s 后，压力变为 0.16253 MPa，求此时的膨胀因子、膨胀率、转化率。

5.2　某液相反应 $r_A = 0.38 c_A$，速率的单位为 kmol/(m³·min)，若已知进料反应物浓度 $c_{A0} = 0.3$ kmol/m³，摩尔流量 $F_{A0} = 6$ mol/min，出口转化率为 0.7。试计算下述反应器的体积，分析计算结果。(1) 一个平推流反应器；(2) 一个全混流反应器；(3) 两个等体积的全混流反应器串联。

5.3　丙烷裂解为乙烯的反应：$C_3H_8 \longrightarrow C_2H_4 + CH_4$，在 772℃等温下反应，动力学方程为 $r_A = kc_A$，$k = 0.4$ h^{-1}，若系统保持恒压 $p = 1$ kg/cm² = 0.09807 MPa，$Q_0 = 800$ L/h。当 $X_A = 0.5$ 时，求所需平推流反应器的体积。

5.4　在 Pt/Al_2O_3 催化剂上于 1 atm、100℃用空气进行微量 CO 的氧化反应，已知球形催化剂的半径为 6 mm，孔容积为 0.45 cm³/g，比表面积 200 m²/g，颗粒密度 1.2 g/cm³，空隙率 0.36，曲节因子 3.7，分子扩散系数 $D_{AB} = 0.192$ cm²/s。在上

述反应条件下该反应可按一级不可逆反应处理，本征反应速率 $r_{AW}=k_W c_A=1.228 \times 10^{-4}$ mol/(g·s)。试求内扩散效率因子，确定是否存在内扩散影响。$R=82.06$ atm·cm³/(mol·K)$=0.08206$ atm·L/(mol·K)。

C.2　参　考　答　案

一、判断题(每题 1.5 分，共 15 分)

1.1	1.2	1.3	1.4	1.5	1.6	1.7	1.8	1.9	1.10
√	×	×	√	×	√	√	×	×	√

二、填空题(每空 1 分，满分 15 分)

2.1　等温、绝热、非绝热变温

2.2　作图法求取 k_0 和 E，由两个不同温度下的 k 计算 E，由两个不同温度下的 t 计算 E

2.3　$F(\theta)=1-\mathrm{e}^{-\theta}$、$E(\theta)=\mathrm{e}^{-\theta}$、1

2.4　CSTR+PFR、β_{opt} 下的 PFR、PFR

2.5　循环无梯度反应器、固定床积分反应器、固定床微分反应器

三、简答题(每题 12 分，共 48 分)

3.1　不可逆反应：$X_A\uparrow$，$r_A\downarrow$；可逆反应：$X_A\uparrow$，$r_A\downarrow$；

自催化反应：$X_A\uparrow$，r_A 可为正、为零、为负，存在极大值。

不可逆反应：$T\uparrow$，$r_A\uparrow$；可逆吸热反应：$T\uparrow$，$r_A\uparrow$；

可逆放热反应：$T\uparrow$，r_A 可为正、为零、为负，存在极大值。

3.2　假定物料以稳定的流速进入反应器后新鲜的物料粒子与存留在器内的粒子能在瞬间内达到完全混合，认为返混为最大，构成了某一确定的停留时间分布。其特点是反应器内各点的物系性质都是均匀的且与出口处的物系性质相同。

(1) 搅拌激烈，流体黏度不大的连续流动搅拌槽式反应器中的流体流型；

(2) 流化床内的固相反应过程也属全混流。

3.3　对平行反应：

从生产强度最大考虑：应先低温后高温；

从 Y_L 最大考虑：应在较低的温度下进行。

对连串反应：

等温操作：以收率最大为目标函数，反应温度越低越好；

变温操作：采取先高后低呈下降型的序列。

3.4　(1) 反应物由气相主体扩散到固体颗粒的外表面上；

(2) 反应物从颗粒的外表面通过微孔扩散到内表面上；

(3) 反应物在内表面上被吸附；

(4) 吸附态的反应物在内表面上进行化学反应，生成吸附态的产物；

(5) 反应产物从内表面上脱附；

(6) 反应产物从内表面扩散到颗粒的外表面；

(7) 反应产物由外表面向气相主体扩散。

四、推导题(4.1：10 分，4.2：4 分，4.3：10 分，共 24 分)

4.1　　步骤　　　　　速率式　　　　　　　　　　　　平衡式

$\quad$ I $\qquad r_E = k_{aE} p_E \theta_V^2 - k_{dE} \theta_E^2 \qquad\qquad \theta_E = \sqrt{K_E p_E}\,\theta_V$

$\quad$ II $\qquad r_F = k_{aF} p_F \theta_V - k_{dF} \theta_F$

$\quad$ III $\qquad r_S = k_{1S} \theta_E^2 \theta_F - k_{2S} \theta_M p_N \theta_V^2 \qquad K_S = \dfrac{\theta_M p_N \theta_V^2}{\theta_E^2 \theta_F}$

$\quad$ IV $\qquad r_M = k_{dM} \theta_M - k_{aM} p_M \theta_V \qquad\qquad \theta_M = K_M p_M \theta_V$

$$\theta_E + \theta_F + \theta_M + \theta_V = 1 \tag{1}$$

将 I、IV 中的平衡式代入 III 的平衡式得

$$\theta_F = \frac{K_M}{K_S K_E} \frac{p_M p_N}{p_E} \theta_V = \frac{K_F}{K} \frac{p_M p_N}{p_E} \theta_V$$

将上式及 I、IV 中的平衡式代入式(1)得

$$\theta_V = \frac{1}{1 + \sqrt{K_E p_E} + \dfrac{K_F}{K} \dfrac{p_M p_N}{p_E} + K_M p_M}$$

将 θ_F 的关系式代入 II 的速率式得

$$r_F = k_{aF} p_F \theta_V - k_{dF} \frac{K_F}{K} \frac{p_M p_N}{p_E} \theta_V$$

将 θ_V 的关系式代入上式得

$$r = \frac{k_{aF}\left(p_F - \dfrac{1}{K} \dfrac{p_M p_N}{p_E}\right)}{1 + \sqrt{K_E p_E} + \dfrac{K_F}{K} \dfrac{p_M p_N}{p_E} + K_M p_M}$$

4.2　（I）$E + \sigma_1 \rightleftharpoons E\sigma_1$，（II）$F + \sigma_2 \rightleftharpoons F\sigma_2$，（III）$E\sigma_1 + F\sigma_2 \overset{A}{\rightleftharpoons} M\sigma_2 + N\sigma_1$

$\quad$（IV）$M\sigma_2 \rightleftharpoons M + \sigma_2$，（V）$N\sigma_1 \rightleftharpoons N + \sigma_1$

4.3　推导：$\qquad c_{A0} \dfrac{dX_A}{dt} = k c_{A0}(1 - X_A) - k' c_{A0} X_A$

$$\frac{dX_A}{dt} = k - (k + k') X_A$$

$$t = \int_0^{X_A} \frac{dX_A}{k - (k + k')X_A} = \frac{-1}{k + k'}\ln[k - (k + k')X_A]_0^{X_A} = \frac{1}{k + k'}\ln\frac{k}{k - (k + k')X_A}$$

$$\frac{k}{k'} = \frac{X_{Ae}}{1 - X_{Ae}}$$

$$k' = \frac{k(1 - X_{Ae})}{X_{Ae}}$$

$$t = \frac{1}{k + k'}\ln\frac{k}{k - \left[k + \frac{k(1 - X_{Ae})}{X_{Ae}}\right]X_A} = \frac{1}{k + k'}\ln\frac{X_{Ae}}{X_{Ae} - X_A}$$

因 $c_A = c_{A0}(1 - X_A)$，$c_{A0}X_A = c_{A0} - c_A$，则

$$(k + k')t = \ln\frac{c_{A0} - c_{Ae}}{c_A - c_{Ae}}$$

五、计算题(每题 12 分，共 48 分)

5.1 将反应用符号表示

$$A \longrightarrow 0.25L + 1.5M$$

膨胀因子

$$\delta_A = \frac{0.25 + 1.5 - 1}{1} = 0.75$$

膨胀率

$$\varepsilon_A = 0.75 \times 1 = 0.75$$

法一

	$t = 0$	$t = 500$
A	N_{A0}	$N_{A0}(1 - X_A)$
L	0	$0.25N_{A0}X_A$
M	0	$1.5N_{A0}X_A$
总	N_{A0}	$N_T = N_{A0}(1 + 0.75X_A)$

对于理想气体：压力分数=摩尔分数，由总摩尔数关系式有

$$X_A = \frac{1}{0.75}\left(\frac{N_T}{N_{A0}} - 1\right) = \frac{1}{0.75}\left(\frac{0.16253}{0.10133} - 1\right) = 0.8053$$

法二： $p_T = p_{T0}(1 + \varepsilon_A X_A)$

上式变形得

$$X_A = \frac{1}{0.75}\left(\frac{p_T}{p_{T0}} - 1\right) = \frac{1}{0.75}\left(\frac{0.16253}{0.10133} - 1\right) = 0.8053$$

5.2 体积流量 $Q_0 = F_{A0}/c_{A0} = 20$ L/min。

(1) 求一个平推流反应器的体积。

反应器体积

$$V_{Rp} = \frac{Q_0}{k} \ln \frac{1}{1-X_A} = \frac{20}{0.38} \ln \frac{1}{0.3} = 63.367(L)$$

(2) 求一个全混流反应器的体积。

反应器体积

$$V_{Rm} = \frac{Q_0 X_A}{k(1-X_A)} = \frac{20 \times 0.7}{0.38 \times (1-0.7)} = 122.807(L)$$

(3) 求两个串联的等体积全混流反应器体积。

$$V_{Rm1} = \frac{Q_0(X_{A1} - X_{A0})}{k(1-X_{A1})}, \quad V_{Rm2} = \frac{Q_0(X_{A2} - X_{A1})}{k(1-X_{A2})}$$

由 $V_{Rm1} = V_{Rm2}$，有 $X_{A1}^2 - 2X_{A1} + 0.7 = 0$，解得 $X_{A1} = 0.4523$。

反应器体积

$$V_{Rm1} = 2V_{Rm1} = \frac{2 \times 20 \times 0.4523}{0.38 \times (1-0.4523)} = 86.928(L)$$

以上计算充分表明，$V_{Rm} > V_{Rms} > V_{Rp}$。

5.3 依题意有，反应为变容均相气相反应

膨胀因子

$$\delta_A = \frac{1+1-1}{1} = 1$$

膨胀率

$$\varepsilon_A = y_{A0} \delta_A = 1 \times 1 = 1$$

因此，由等温变容管式反应器中一级反应下的空间时间计算式得

$$\tau_p = -\frac{1}{k}[(1+\varepsilon_A)\ln(1-X_A) + \varepsilon_A X_A]$$

$$= -\frac{1}{0.4}[(1+1)\ln(1-0.5) + 0.5] = 2.216(h)$$

反应器体积

$$V_R = Q_0 \tau_p = 800 \times 2.216 = 1772.8(L)$$

5.4 气体分子的平均自由程

$$\lambda = 3.66 \frac{373}{1} = 1365.18 \text{ (Å)}$$

平均孔半径

$$\bar{r}_p = \frac{2V_g}{S_g} = \frac{2 \times 0.45}{200 \times 10^4} = 4.5 \times 10^{-7} \text{(cm)} = 45 \text{ (Å)}$$

孔隙率

$$V_g = \frac{\varepsilon_p}{\rho_g} \, , \quad \varepsilon_p = V_g \rho_p = 0.45 \times 1.2 = 0.54$$

扩散类型判断

$$\frac{\lambda}{2\bar{r}_p} = \frac{1365.18}{2 \times 45} = 15.169 \, , \text{扩散以克努森扩散为主}$$

克努森扩散系数

$$D_K = 9700 \bar{r}_p \sqrt{\frac{T}{M}} = 9700 \times 4.5 \times 10^{-7} \sqrt{\frac{373}{28}} = 1.593 \times 10^{-2} \, (\text{cm}^2/\text{s})$$

综合扩散系数

$$D = D_K = 1.593 \times 10^{-2} \, (\text{cm}^2/\text{s})$$

有效扩散系数

$$D_e = D \frac{\varepsilon_p}{\tau} = \frac{1.593 \times 10^{-2} \times 0.54}{3.7} = 2.325 \times 10^{-3} \, (\text{cm}^2/\text{s})$$

反应物浓度

$$c_A = \frac{1}{0.08206 \times 373} = 0.03267 \, (\text{mol/L}) = 3.267 \times 10^{-5} \, (\text{mol/cm}^3)$$

质量反应速率常数

$$k_w = \frac{r_A}{c_A} = \frac{1.228 \times 10^{-4}}{3.267 \times 10^{-5}} = 3.759 \, [\text{cm}^3/(\text{g} \cdot \text{s})]$$

体积反应速率常数

$$k = \rho_p(1 - \varepsilon_b)k_w = 1.2 \times (1 - 0.36) \times 3.759 = 2.887 \, (\text{s}^{-1})$$

蒂勒模数

$$\varphi = \frac{R}{3} \sqrt{\frac{k}{D_e}} = \frac{0.6}{3} \sqrt{\frac{2.887}{2.325 \times 10^{-3}}} = 7.048 > 3$$

内扩散效率因子

$$\eta = \frac{1}{\varphi} = \frac{1}{7.048} = 0.142$$

计算结果说明内扩散影响严重。

参 考 文 献

陈甘棠. 1981. 化学反应工程. 北京: 化学工业出版社

陈甘棠. 1991. 聚合反应工程基础. 北京: 中国石化出版社

陈敏恒. 1984. 化学反应工程基本原理. 上海: 华东化工学院出版社

陈敏恒, 翁元垣. 1986. 化学反应工程基本原理. 北京: 化学工业出版社

丁百全, 房鼎业, 张海涛. 2001. 化学反应工程例题与习题. 北京: 化学工业出版社

傅玉普. 1989. 均相反应动力学方程与反应器计算. 大连: 大连理工大学出版社

郭锴, 唐小恒, 周绪美. 2010. 化学反应工程. 2 版. 北京: 化学工业出版社

黄艳芹. 2001. 多级串联釜式反应器的优化设计. 化工设计, 11(4): 6-8+1

霍华德·F. 拉塞. 1982. 化学反应器设计. 北京: 化学工业出版社

姜信真. 1987. 化学反应工程学简明教程. 西安: 西北大学出版社

柯尔森 J M, 李嘉森 J F. 1988. 化学反应器设计. 徐善明等译. 北京: 化学工业出版社

李绍芬, 朱炳辰. 1966. 无机物工艺反应过程动力学. 北京: 化学工业出版社

李绍芬. 1986. 化学与催化反应工程. 北京: 化学工业出版社

李绍芬. 2000. 反应工程. 北京: 化学工业出版社

李绍芬. 2015. 反应工程. 3 版. 北京: 化学工业出版社

梁斌, 段天平, 唐盛伟. 2010. 化学反应工程. 2 版. 北京: 科学出版社

罗康碧, 罗明河, 李沪萍. 1995. 多段原料气冷激式换热催化反应器的最佳设计条件式的探讨. 云
    南工业大学学报, 11(2): 64-69+74

罗明河, 牛存镇, 罗康碧. 1994. 硫酸生产中 SO_2 氧化转化率计算公式的探讨. 云南化工, (4): 42-43

罗明河, 牛存镇. 1993. 气液填料反应塔设计计算式的探讨. 云南工学院学报, (3): 39-43

罗明河, 牛存镇. 1996. 用循环反应器实现全混流时最小循环比 R_{min} 的探讨. 云南工业大学学报,
    12(1): 62-64

罗明河, 牛存镇. 1997. 化学反应工程原理及反应器设计. 昆明: 云南科技出版社

罗明河, 金克康. 1987. S_{107} 型低温钒催化剂上 SO_2 氧化动力学的研究. 云南化工, (2): 15-16+42

裘元焘. 1986. 基本有机化工过程及设备. 北京: 化学工业出版社

胜利炼油厂, 华东石油学院. 1973. 石油催化裂化. 北京: 燃料化学工业出版社

石油化学工业部化工设计院. 1977. 氮肥工艺设计手册理化数据分册. 北京: 石油化学工业出版社

史密斯 J M. 1988. 化工动力学. 3 版. 王建华等译. 北京: 化学工业出版社

史子瑾. 1991. 聚合反应工程基础. 北京: 化学工业出版社

斯坦莱·韦拉斯. 1975. 化工反应动力学. 北京: 燃料化学工业出版社

王安杰, 周裕之, 赵蓓. 2005. 化学反应工程学. 北京: 化学工业出版社

王建华. 1988. 化学反应工程基本原理. 成都: 成都科技大学出版社

王建华. 1989. 化学反应器设计. 成都: 成都科技大学出版社

吴元欣, 张珩. 2013. 反应工程简明教程. 北京: 高等教育出版社

伍沅. 1994. 化学反应工程. 大连: 大连海运学院出版社

武汉大学. 2001. 化学工程基础. 北京: 高等教育出版社

许志美, 张濂. 2007. 化学反应工程原理例题与习题. 上海: 华东理工大学出版社

袁乃驹. 1988. 化学反应工程基础. 北京: 清华大学出版社

张濂, 许志美, 袁向前. 2000. 化学反应工程原理. 上海: 华东理工大学出版社

张濂, 许志美. 2004. 化学反应器分析. 上海: 华东理工大学出版社

朱炳辰. 1993. 化学反应工程. 北京: 化学工业出版社

朱炳辰. 2001. 化学反应工程. 3 版. 北京: 化学工业出版社

朱炳辰. 2014. 化学反应工程. 5 版. 北京: 化学工业出版社

朱开宏. 2003. 工业反应过程分析导论. 北京: 中国石化出版社

邹光中. 1997. 连续搅拌反应釜热稳定的最大允许温差. 化学工程, 25(1): 22-24+4

邹仁均. 1981. 基本有机化工反应工程. 北京: 化学工业出版社

Cooper A R. 1972. Chemical Kinetics and Reactor Design. Upper Saddle River: Prentice Hall, Inc.

Fogler H S. 2005. 化学反应工程. 3 版. 李术元, 朱建华译. 北京: 化学工业出版社

Fogler H S. 2006. Elements of Chemical Reaction Engineering. 4th ed. 北京: 化学工业出版社

Hill C G. 1977. Chemical Engineering Kinetics & Reactor Design. New York: John Wiley & Sons, Inc.

Levenspiel O. 1972. Chemical Reaction Engineering. 2nd ed. New York: John Wiley & Sons, Inc.

Wen C Y, Fan L T. 1975. Models for Flow Systems and Chemical Reactor. New York: Marcel Dekker Inc.